U0282003

高等院校艺术设计专业应用技能型教材

3DS MAX / VRAY ENVIRONMENTAL ART COURSE

# 3ds Max / Vray

# 环境艺术教程

主　编◎王志武

重庆大学出版社

图书在版编目（CIP）数据

3ds Max / Vray环境艺术教程 / 王志武主编.—重庆：
重庆大学出版社，2016.8（2021.1重印）
高等院校艺术设计专业应用技能型教材
ISBN 978-7-5624-9818-6

Ⅰ.①3… Ⅱ.①王… Ⅲ.环境设计—计算机辅助
设计—三维动画软件—高等学校—教材　Ⅳ.TU—568

中国版本图书馆CIP数据核字（2016）第112681号

高等院校艺术设计专业应用技能型教材

# 3ds Max / Vray环境艺术教程
3ds Max / Vray HUANJING YISHU JIAOCHENG

主编　王志武

策划编辑：张菱芷　蹇　佳　席远航

责任编辑：蹇　佳　　书籍设计：品　木

责任校对：张红梅　　责任印制：赵　晟

重庆大学出版社出版发行

出版人：饶帮华

社　　址：重庆市沙坪坝区大学城西路21号

邮　　编：401331

电　　话：（023）88617190　88617185（中小学）

传　　真：（023）88617186　88617166

网　　址：http://www.cqup.com.cn

邮　　箱：fxk@cqup.com.cn（营销中心）

全国新华书店经销

重庆巍承印务有限公司印刷

开本：787mm×1092mm　1/16　印张：9.75　字数：241千
2016年8月第1版　2021年1月第2次印刷
ISBN 978-7-5624-9818-6　　定价：48.00元

本书如有印刷、装订等质量问题，本社负责调换

版权所有，请勿擅自翻印和用本书

制作各类出版物及配套用书，违者必究

# 前 言 / PREFACE

　　室内外效果图是环境艺术设计师向用户直观性展示设计方案所达到效果的一种重要方式。目前，采用3ds Max软件制作该类效果图已经成为环境艺术专业一门必修的课程。该课程是一个理解和操作均要求很高的课程，能使学习者具有初步独立操作的能力一直是该类教材努力的目标。

　　本教材用案例教学法将环境艺术专业涉及的场景内容有机地串联在一起，其知识与技能结构以能基本独立操作为理念，以企业用人的需求作为其宽度与深度的准绳。教材依据3ds Max 2014简体中文版写作，内容符合普遍采用的基础与高级两段式教学要求。其范例新颖实用，图例务实精编，步骤紧凑集中，理论深入浅出，适用于高校本科艺术设计环境艺术专业、培训机构环境艺术3ds Max和VRay的基础教学以及3ds Max初学者。

　　本教材涉及的范例通用于Max 9至2016版和VRay2.0 SP1及以上各版本，解决了各校以及培训机构中因教学机房配置与版本不可能完全统一，而产生的使用不便问题。

王志武

2016年3月

# 目 录 / CONTENTS

术语约定及常用图标快捷键表　　/ 1

基础篇 ——▶▶

第一章　3ds Max软件概述与系统设置

1.功能简介　　/ 6

2.设置　　/ 8

3.坐标的认知与运用　　/ 12

实践篇 ——▶▶

第二章　单体建模与标准材质

1.制作椭圆玻璃餐桌　　/ 18

2.制作珠光泡塑不锈钢餐椅　　/ 35

3.制作陶瓶与果盘和欧式茶几　　/ 48

4.制作秋水伊人落地灯　　/ 56

5.制作菱形软包靠背沙发　　/ 66

6.MassFX动力学方式制作靠垫与披巾　　/ 74

第三章　Loft放样建模专题

1.制作欧式桌腿与旋纹镜框　　/ 80

2.制作窗帘与罗马柯林斯柱　　/ 85

第四章　建筑类建模与摄影机

1.楼梯建模　　/ 93

2.房体建模　　/ 95

3.门窗建模　　/ 98

4.建立目标摄影机　　/ 100

第五章　标准灯光

1.灯光形态与核心通用参数　　/ 103

2.室内照明实例——画痴轩客厅　　/ 106

3.室外照明实例——天津塘沽外滩景观　　/ 113

第六章　Photoshop效果图后期处理

1.置换背景　　/ 117

2.增添配景　　/ 118

第七章　VRay渲染与灯光

1.VR概述　　/ 122

2.常用渲染设置　　/ 123

3.室内VRay渲染实例——品艺轩贵宾室　　/ 128

4.室外VRay渲染实例——艺术教学大楼一角　　/ 141

# 术语约定及常用图标快捷键表

## 简写约定

| 术语符号 | 约　定 |
| --- | --- |
| 单击、点取、点选、激活 | 左键单击对象或命令后，其高亮显示为当前被选择状态。 |
| 拖曳 | 左键单击后不松开手指并拖曳鼠标。 |
| > | 左键单击选择并执行下一步。 |
| >² | 左键双击并执行下一步。 |
| >右 | 右键单击并执行下一步。 |
| [X] | 注释。 |

## 常用图标命令快捷键表（英文输入法状态下有效）

| 序　号 | 图　标 | 快捷键 | 名　称 | 释　义 |
| --- | --- | --- | --- | --- |
| 1 |  | W | 选择并移动 | 光标位于对象坐标轴箭头处则按轴向移动，位于轴间黄色面上则双向移动。加Shift键拖曳可复制对象。加Ctrl键为连续选择。 |
| 2 |  | E | 选择并旋转 | 加Shift键拖曳可旋转复制对象。加Ctrl键为连续选择。 |
| 3 |  | R | 选择并缩放 | 加Shift键拖曳为缩放性复制对象。加Ctrl键为连续选择。 |
| 4 |  | S | 捕捉 | 打开/关闭捕捉项。 |
| 5 |  | Alt+Q | 孤立所选 | 仅显示所选择对象，临时屏蔽其他对象。 |
| 6 |  | 空格键 | 锁定/解锁 | 锁定/解锁选择的对象。 |
| 7 |  | H | 按名称选择 | 按名称选择对象。 |
| 8 |  | Ctrl+Z | 撤销 | 撤销上一步操作，默认撤销20步。 |
| 9 |  | Ctrl+A | 返回 | 返回最后一次撤销的操作。 |
| 10 |  | M | 材质编辑器 | 设置场景对象材质。 |
| 11 |  | Ctrl+W | 区域缩放 | 将光标拖曳出的区域进行放大显示。激活透视窗时图标变为"视野"，整体推近拉远视窗。 |
| 12 |  | Alt+W | 单/四视窗交互切换 | 需关闭QQ，避免快捷键冲突。 |
| 13 |  | Shift+Ctrl+Z | 所有视窗最大化显示选定对象 | 将选择的对象在四个视窗中最大化完整显示，未选择对象时，则在四个视窗中完整显示所有对象。 |
| 14 |  | Z | 最大化显示选定对象 | 仅在激活的视窗中完整显示选择的对象，未选择对象时则最大化显示所有对象。 |
| 15 |  | F5 | 约束变换到X轴 | 该方式在打开捕捉项后生效。按X键后，再按F5键，坐标仅显示横向轴为可用，其他轴呈灰色不可用。 |
| 16 |  | F6 | 约束变换到Y轴 | 同上。 |
| 17 |  | Shift+Q/ F9 | 渲染 | 渲染产品。 |
| 18 |  | F10 | 渲染设置 | 打开渲染场景对话框设置参数和渲染。 |
| 19 |  | Alt+中键 | 旋转透视窗 | 在其他视窗旋转则视窗自动变为用户视窗。 |
| 20 |  | 1 | 顶点 | 选择网格对象的子级顶点。 |
| 21 |  | 2 | 边 | 选择网格对象的子级边。 |
| 22 |  | 3 | 边界 | 选择网格对象开放的（破洞）边界。 |
| 23 |  | 4 | 多边形 | 选择网格对象的"多边形"，也称"面"。 |
| 24 |  | 5 | 元素 | 选择网格对象的局部组件，也称"实体"。 |

## 常用菜单命令快捷键表

| 序 号 | 命 令 | 快捷键 | 释 义 |
|---|---|---|---|
| 1 | 保存 | Ctrl+S | 保存为"*.max"格式场景文件。 |
| 2 | 透明 | Alt+X | 透明显示对象。 |
| 3 | 专家模式 | Ctrl+X | 程序界面仅显示四视窗与菜单栏。 |
| 4 | 显示/隐藏主工具栏 | Alt+6 | |
| 5 | 显示/隐藏视窗栅格 | G | |
| 6 | 边面 | F4 | 在视窗中以线面结合方式显示对象。 |
| 7 | 解除约束 | F8 | 强制越界移动Bezier（贝兹）手柄。 |
| 8 | 增/减对象坐标的显示大小 | +/− | |
| 9 | 在下拉列表中快捷选择修改器 | 修改器首字母 | 连续按某修改器开首字母键，开首字母相同的修改器将依次列出以供选择，仅英文版有效，中文版部分保持英文的修改器有效。 |
| 10 | 视窗控制 | 视窗开首字母 | 切换视窗：P（透视）、U（用户）、F（前视）、K（背视）、T（顶视）、B（底视）、L（左视）。 |

JICHU PIAN

基础篇

# 第一章 / 3ds Max软件概述与系统设置

3ds Max是3D Studio Max的简称，自Autodesk公司1996年推出3ds MAX1.0版后逐年升级至今，是一款世界范围内基于PC系统的主流三维建模、动画、渲染软件。在目前的设计应用领域中，因该软件能将设计意图完成为相片级的逼真三维空间效果，使各类客户都能直观地预知自己即将装修的空间会是一个怎样的结果而受到设计师和客户的欢迎。

**学习要点**

了解该软件与绘画规律一致的先建构基本形和细节流程特点。知晓模型的分类与属性以及基本的操作要领与知识。

# 1.功能简介

## 1.1 界面主要功能和效果图制作基本流程

3ds Max是3D Studio Max的简称，自Autodesk公司1996年推出3ds Max 1.0版后逐年升级至今，是一款世界范围内基于PC系统的主流三维建模、动画、渲染软件。

3ds Max 2014版启动程序后出现的主界面默认分布为顶、前、左、透视四个视窗，在任意视窗内的操作会在其余三个视窗中同步自动刷新。除透视窗口常用于观察模型的立体效果外，其余视窗均以工程用三视图方式显示（如图1-1所示）。

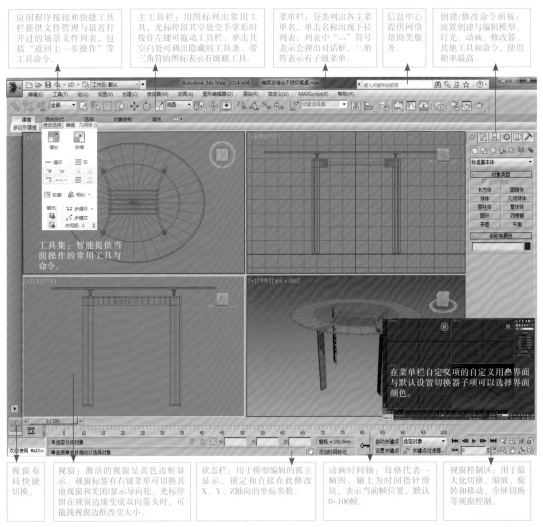

应用程序按钮和快捷工具栏提供文件管理与最近打开过的场景文件列表，包括"返回上一步操作"等工具命令。

主工具栏：用图标列出常用工具，光标停留其上变为手掌形时按住左键可拖动工具栏。单击其空白处可调出隐藏的工具条。带三角符的图标表示有级联工具。

菜单栏：分类列出各主菜单名，单击名称出现下拉列表，列表中"…"符号表示会弹出对话框，三角符表示有子级菜单。

信息中心提供网络帮助类服务。

创建/修改命令面板：放置创建与编辑模型、灯光、动画、修改器、其他工具和命令，使用频率最高。

工具集：智能提供当前操作的常用工具与命令。

在菜单栏自定义项的自定义用户界面与默认设置切换子项可以选择界面颜色。

视窗布局快捷切换。

视窗：激活的视窗呈黄色边框显示。视窗标签有右键菜单可切换其他视窗和关闭/显示导向轮。光标停留在视窗边缘变成双向箭头时，可拖拽视窗边框改变大小。

状态栏：用于模型编辑的孤立显示、锁定和直接在此修改X、Y、Z轴向的坐标参数。

动画时间轴：每格代表一帧图。轴上为时间指针滑块，表示当前帧位置，默认0~100帧。

视窗控制区：用于最大化切换、缩放、旋转和移动、全屏切换等视窗控制。

图1-1 主界面

环境艺术专业效果图制作基本流程为：

（1）建模。建模步骤总体上是先使用创建面板命令创建一个大致的基本形，然后进入修改面板给出尺寸，再使用各种工具或命令不断编辑成型。

（2）赋予材质。使用标准材质和默认扫描线渲染器渲染时，由于渲染速度很快，可以在建模时随时赋予材质，以检查贴图纹理等是否正确。在使用VRay材质和其渲染器时，由于渲染耗时，最好在完成全部模型后统一赋予材质。

（3）建立摄影机和灯光。一个场景中可以设置多个摄影机和多角度出图。摄影机视窗与透视窗的最大区别是透视窗可以任意旋转缩放利于编辑，摄影机视窗为角度固定的视窗利于渲染。二者可随时切换。设置灯光的阶段最为耗时，无论哪种灯光，即使经验丰富也需要反复调整。

（4）出图。渲染设置与渲染，保存场景与渲染图。

（5）后期制作。使用Photoshop类图形软件调整效果图。

以上几个流程并非固定不变，工作中常反复进行才能最终获得好的结果。

## 1.2 几何体和样条线的基本属性与创建方法

在3ds Max中，环境艺术专业常用4大类基本形建模（如图1-2所示）。

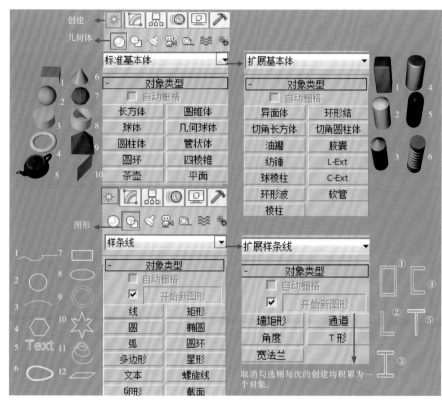

图1-2 常用建模基本形

### 1.2.1 几何体基本属性

程序定义几何体内部为空心，可局部删除表面形成的破损，破损处露出的内部面在2011版以前显示为黑色不可渲染，术语称为"法线向内"。向内的面激活时呈暗红色显示。朝外的面称为"法线向外"，能渲染，激活时呈亮红色显示。法线朝向能翻转。几何体的网格可增减和编辑。网格分段多则平滑，少则反之。有"边数"项的几何体可增减边数；使对象在截面上产生与分段一样的变化（如图1-3所示）。几何体用坐标X、Y、Z三个轴向代表模型的方位。材质的贴图纹理则使用U、V、W三个字母代表三个轴向以示区别。

### 1.2.2 样条线基本属性

样条线可创建路径、轮廓和挤压成几何体。默认情况下样条线不能渲染，通过设置可以渲染和赋予材质。可渲染样条线比同体积的几何体节省文件量，能渲染的样条线或封闭的线框可以直接塌陷成网格物体。样条线由一个标示为黄色的起始顶点和一至多个白色的顶点串联在一起构成。顶点采用右键四联菜单中的4种属性切换来控制线段的形态。黄色顶点是绘制的起点，绘制顺序规定由左向右，反向绘制则法线会反向。起点与端点可以互置。顶点能用删除键删除（如图1-4所示）。绘制时的线头遇到起点会自行弹出是否闭合"样条线"对话框，选择"是"为封闭线框完成绘制；选择"否"则不封闭继续绘制。

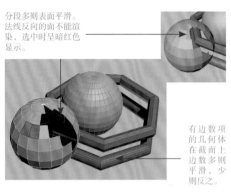

分段多则表面平滑。法线反向的面不能渲染，选中时呈暗红色显示。

有边数项的几何体在截面上边数多则平滑，少则反之。

图1-3　几何体基本属性

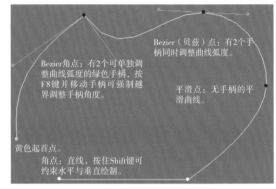

Bezier（贝兹）点：有2个手柄同时调整曲线弧度。

Bezier角点：有2个可单独调整曲线弧度的绿色手柄，按F8并移动手柄可强制越界调整手柄角度。

平滑点：无手柄的平滑曲线。

黄色起首点。

角点：直线，按住Shift键可约束水平与垂直绘制。

图1-4　样条线的4种顶点属性

### 1.2.3　几何体基本创建方法

（1）一次单击成型类（茶壶、球体、平面）为在顶视窗中第一次单击并向右下方拖拽出形体、释放左键并再次单击结束命令。单击右键退出命令。

（2）二次单击成型类（方体、圆柱、四棱锥）为在顶视窗中第一次单击并向右下方拖拽、释放左键后继续向上或向下推动鼠标构成初步雏形，第二次单击结束命令。单击右键退出命令。

（3）三次单击成型类（圆锥体、圆环、四棱锥、常用扩展几何体）为在顶视窗中第一次单击并拖拽、释放左键后继续向上或向下推动鼠标构建基本形，第二次单击并向上推动出扩展形体，第三次单击结束命令。单击右键退出命令。

### 1.2.4　样条线基本创建方法

均采用单击定出起笔点并拖拽至合适位置后再次单击出端点，可连续创建；然后单击右键结束命令方式完成。绘制时，单击后松开左键移动鼠标为绘制直线，不松开左键拖拽为绘制曲线。绘制时按下Backspace（退格键）可返回上一步，可连续返回。

## 2.设置

### 2.1　系统单位与显示单位设置

3ds Max 默认系统单位为"英寸"，将其设置配套为和环境艺术专业施工图软件CAD默认单位一致的"毫米"，避免在3ds Max中导入CAD文件时比例失调。

步骤（系统单位与显示单位设置）如下。

菜单栏>自定义>单位设置>对话框>显示单位比例组>公制>毫米>确定>观察命令面板>设置任意参数项显示出的单位为毫米 **0.0mm** （如图1-5所示）。

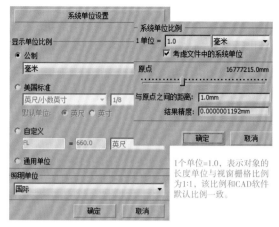

图1-5　单位设置　　　　　　　　　　　　　图1-6　视窗类型

## 2.2　视窗与捕捉及渲染设置

### （1）视窗设置

除常规顶视、前视、左视、透视窗外，单击视窗标签可弹出级联菜单选择其他视窗。其中底视窗为仰视，背视窗为从后面向前显示；正交视窗又称用户视窗；以45度角立体显示，该视窗无透视窗的近大远小变形效果，可用于观察对象透视部分真实的长宽度与位置。创建摄影机后会产生摄影机视窗，该视窗不受其他视窗的位移、旋转和缩放等影响，可用于固定渲染用的视域。在一个场景中可创建多个摄影机和相对的视窗，其名称按序排列于级联菜单上首（如图1-6所示）。

单击视窗标签的显示方式名弹出级联菜单，可选择不同组合的显示方式，这些显示方式都不影响渲染结果。常用建模显示方式为"明暗处理"加"线框"模式，内存需求较小。设置材质和灯光时，可仅选择"真实"模式，但内存需求大。不需要参照视窗栅格时，可关闭其显示（如图1-7所示）。

### （2）捕捉设置

捕捉是主工具栏上的一组（2维、2.5维、3维、角度）图标工具，用于快捷地将编辑处捕捉到对象某位置。按S键可快捷打开和关闭捕捉（如图1-8所示）。

二维捕捉多用于样条线的编辑，优点是未处于同一平面位置上的对象不会误捕捉。2.5维捕捉在精度操作时最常用（透视窗除外），其为处于2维与3维之间的一种捕捉工具，该工具能将3维空间的对象以2维平面方式捕捉并保持原有3维空间的距离。3维捕捉只用于透视窗内直观性捕捉，在其他视窗中操作易误判断。角度捕捉专用于旋转对象时限制鼠标每拖拽一次的旋转角度。常用于Shift键加旋转工具快捷连续精确定位复制。

捕捉图标的右键"栅格和捕捉设置"对话框中可设置捕捉项与参数，捕捉项不能一次性全选择，否则视窗中各"捕捉到"标示会互相干扰（如图1-9、图1-10所示）。

### （3）渲染设置

3ds Max使用常规静帧"默认扫描线渲染器"渲染。渲染时除按下主工具栏 📷（渲染设置）图标设置渲染图尺寸外，一般不用设置其他渲染项，渲染速度快，常用于快速出图（如图1-11所示）。

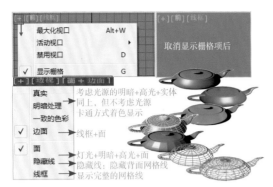

图1-7　视窗显示模式

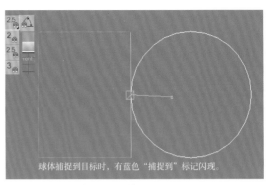

球体捕捉到目标时，有蓝色"捕捉到"标记闪现。

图1-8　捕捉图标与捕捉到对象

视窗中显示捕捉标识和设置标识的大小。

捕捉接近目标时预示捕捉结果。

捕捉范围的大小。

每拖拽旋转一次的角度限制。

能捕捉冻结对象。

执行时标记出捕捉起点以供参考。

图1-9　常用捕捉选项

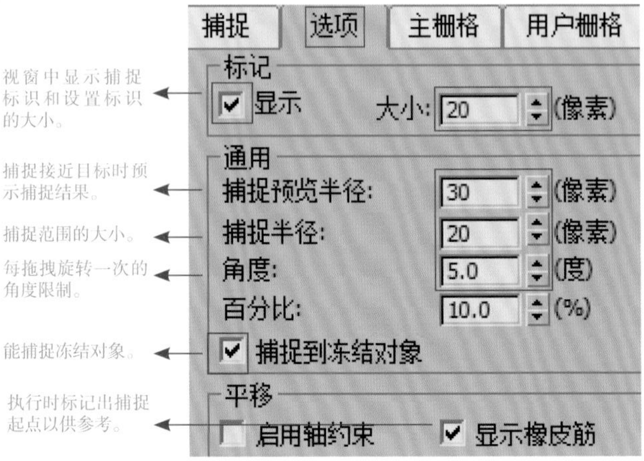

图1-10　常用捕捉参数设置

出尺寸常选70毫米（电影）项。1 024像素近似A4幅；1 500像素近似A 3幅，2 000像素近似A 2幅。按下图像长宽比例锁定钮后，可保持既定比例直接输入尺寸。

图1-11　渲染图常用尺寸设置

**提示**：在比例差距较大的场景中，捕捉标识会过小或过大，需要设置显示项的尺寸"大小"。捕捉预览半径过大时，不需要捕捉到的一些远处对象也会"灵敏"地捕捉到。因此设置宜小不宜大。

### 2.3　自定义用户路径

按个人习惯改换3ds Max自动备份与打开场景、调用自建材质库和贴图文件的默认路径，便于直接在自己熟悉的位置打开。路径设置一次即可永久使用，以后每次进入都会自动接通。自建材质库则用于保存和调用做好参数和贴图的材质，也可复制用于更高的Max版本。

步骤（修改存放自动备份文件的路径）如下。

（1）菜单栏>自定义>配置用户路径>对话框> 文件 I/O （文件输入/输出）选项卡>Auto Backup（自动备份）> 修改(M)... >指定盘符和创建新文件夹>将新文件夹命名为"Max场景自动备份"> 使用路径 > 确定 （如图1-12所示）。

图1-12　设置场景自动备份路径

（2）同样方法设置Images（图像）项、自建材质库的Materials（材质）项、打开Scenes（场景）文件项的路径> **外部文件** 选项卡>设置Maps（贴图）项的路径。

## 2.4　设置伽马亮度值与默认场景照明

在操作Max程序时，因设备不同而可能出现场景泛白、偏暗或色偏等现象时，可打开菜单栏"自定义"项下的"首选"项，在"Gamma and LUT"（伽马和灰度查询表）卡下，勾选"启用Gamma/LUT"（伽马/灰度值查询表）校正项，复选"Gamma"项和取消"影响颜色选择器""影响材质选择器"两项（如图1-13所示）。

如果场景中没有创建灯光，程序会自动使用默认的2盏灯均匀照亮场景，但在设置材质阶段常因2灯光强相同而难以在渲染图中检视材质设置的效果。如果出现这种情况则需在菜单栏"视图"项下的"视图设置"项打开"视觉样式和外观"选项卡，更改默认设置为1盏灯照明（如图1-14所示）。

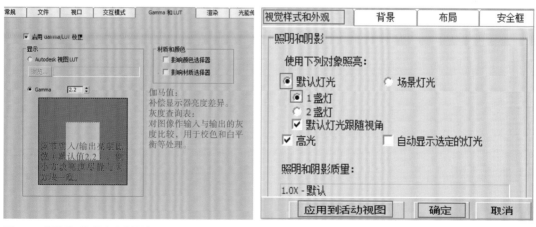

图1-13　调节显示与输出失真设置　　　　图1-14　默认照明设置

提示：使用本书场景范例时可取消此项使渲染效果保持与范例一致。

# 3.坐标的认知与运用

坐标在3ds Max中以标有XYZ三个字母的箭头轴分别代表对象水平、垂直、纵深的方向，以UVW三个字母代表贴图纹理的坐标方向。它们都是创建与编辑时的方位依据，由多个不同用途的坐标在主工具栏组成坐标系。环境艺术常用坐标为"视图坐标""自身坐标"和"拾取坐标"。

### 3.1 世界坐标与视图坐标

世界坐标因其轴向像指南针一样，在任何场地和视角都永远不变而又称"绝对坐标"，其标识被固化于各视窗左下角以供参照。默认视窗栅格粗黑十字线交叉处为世界坐标轴心原点，其中透视窗中的对象无论用哪种坐标都永远用世界坐标的轴向显示。如果将对象放置在顶视窗粗黑十字线交叉处后保存，在一些大场景中调入时，即使比例差异大到不可视，也容易在这个"绝对"位置上找到（如图1-15所示）。

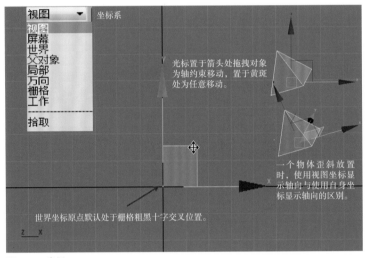

图1-15 坐标

视图坐标是3ds Max默认坐标，最为常用。当激活任意视窗中的对象时，无论如何旋转移动均不以对象真实方位变换；而统一按X轴代表水平、Y轴代表垂直、Z轴代表纵深方式操作。虽然这并不真实，但操作很方便。

### 3.2 自身坐标与拾取坐标

自身坐标（也称局部坐标）是表达对象本身真实方位的坐标。常态下，自身坐标轴向与视图坐标轴向一致，对象歪斜时才能区别开。常用于对象歪斜又需要保持斜向相同的移动或复制时使用。

拾取坐标是拾取一个对象当作当前激活物体的坐标，常用于以某对象为轴心围绕旋转之类的操作（如图1-16所示）。

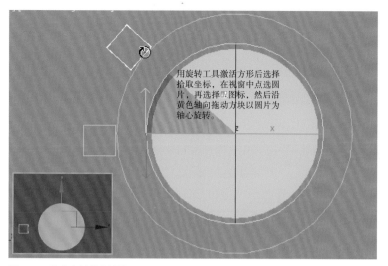

图1-16 拾取坐标基本用法

### 3.3 轴点变换与调整坐标位置

轴点变换由默认的、、3个图标组成，用于配合坐标系使用，功能是人为地改变坐标的属性，使同一种操作能产生不同的结果（如图1-17所示）。

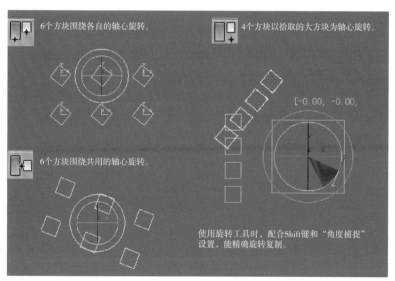

图1-17 轴心变换的使用

坐标的位置与轴向可以调整（如图1-18所示）。

步骤（调整坐标位置与轴向）如下。

确认激活对象的坐标显示处在主工具栏![icon]图标状态下>![icon]（层级）>**轴** > **仅影响轴** >![icon]>视窗中移动轴心位置>![icon]>视窗中旋转轴心改动轴向>再次单击**仅影响轴**按钮退出命令（如图1-18所示）。

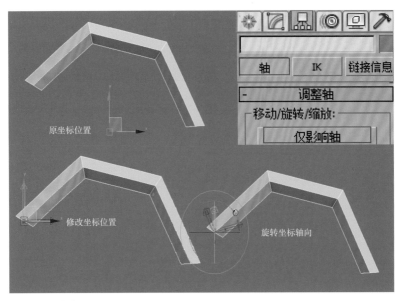

图1-18　调整坐标

SHIJIAN PIAN

实践篇

# 第二章 / 单体建模与标准材质

本章节通过各种实例，从理论到实践，较系统地学习几何体和样条线两种主流建模方法，包括常涉及的各类修改器和标准材质的使用与技巧。

## 学习要点

掌握多边形与样条线建模方法以及6种对齐方法；掌握环形阵列与常用修改器的运用。掌握标准材质的设置规律与自建材质库；掌握局部赋予物体不同材质和材质ID号的运用。

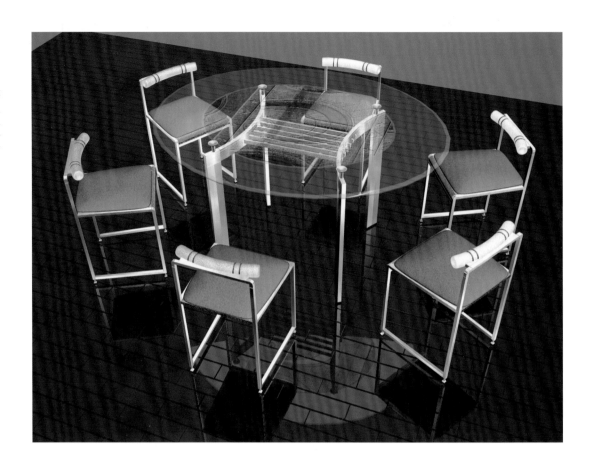

## 1.制作椭圆玻璃餐桌

图2-1

图2-2

## 1.1 制作椭圆桌面

步骤一：制作桌面基本形

创建基本形。✛> ⚙（创建）> ◯（几何体）>**标准基本体** ▼|> **圆柱体** >顶视窗中单击拖拽创建一个圆柱体>**⊟**> ◢（修改）>修改参数（如图2-3所示）。

步骤二：制作图案用网格双线与桌面切角

（1）用点线面方式编辑几何体。确认视窗中基本形激活>**修改器列表** ▼|> **编辑多边形** 修改器（如图2-4所示）。

（2）选择内圆线段。◿ **▢▢** >顶视窗内框选择线段> **▢** >透视窗中Ctrl+点选线段> **选择** 卷展栏> **循环** （如图2-5所示）。

（3）制作双线。**编辑边** 卷展栏> **切角** **▢** >设置参数盒（如图2-6所示）。

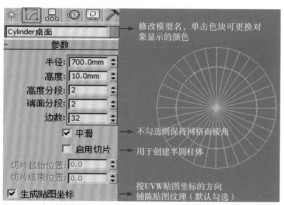

图2-3 桌面基本形

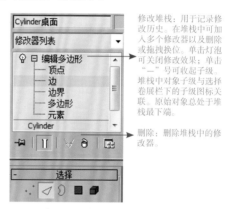

图2-4 加入编辑多边形修改器

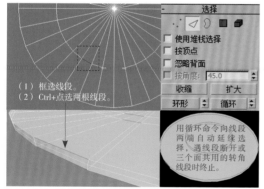

图2-5 快速选择线段

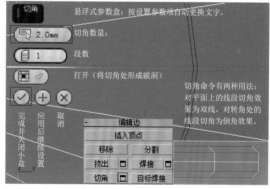

图2-6 应用切角命令

提示：**▢**/**◰**（窗口/交叉）：对象被完全框选时被选择（框选为同时选择上下层线段，点选则选择当前线段）/对象接触到选框即被选择。按住Ctrl键可连续框选或点选，在已选择的线段上按住Alt键加点选可取消已选线段。在空处单击为取消当前全部选择。另外，还有一组不同形状的框选下拉图标与其配合使用。**▢**（矩形框选）、**◯**（圆形框选）、**◪**（围栏框选）：连续单击拖拽虚线围合选择范围，虚线与起始处相遇时光标变为"+"号；此时单击则完成选区的围合。**▨**（套索框选）：单击拖拽出自由形套索框选。**🖌**（绘制选区）：单击拖拽以圆圈形笔刷方式选择区域。右键单击该图标会弹出对话框，在其"常规"选项卡下的"场景选择"组内，可更改"绘制"选择笔刷的尺寸，默认值20像素。

步骤三： 调整与压缩成椭圆桌面

（1）编辑桌缘。前视窗中点选桌面顶线段> 循环 >顶视窗>右⬚>光标置于坐标黄斑内向下拉动缩小线框半径使其截面构成斜坡面（如图2-7所示）。

（2）去除多余线段。前视窗>右选择多余线段> 循环 > 移除 >∴（顶点子级）> 编辑顶点 卷展栏>配合中键移动视图，选择全部遗留的顶点> 移除 （如图2-8所示）。

（3）压缩成椭圆桌面。修改堆栈中单击 编辑多边形 名称右边空处（呈深灰色状）返回修改器根级>顶视窗>右⬚>光标置于坐标Y轴向下拉动压缩成椭圆桌面（如图2-9所示）。

（4）坍塌修改堆栈。修改堆栈>右 塌陷全部 >丢失历史警告对话框>勾选"不再显示该消息"> 是(Y) > 可编辑多边形 （如图2-10所示）。

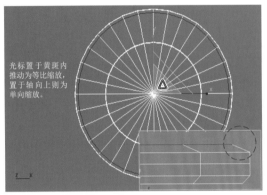

图2-7 调整切角形状

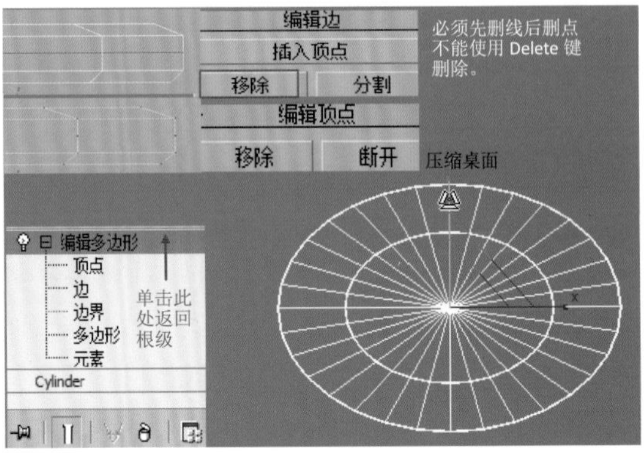

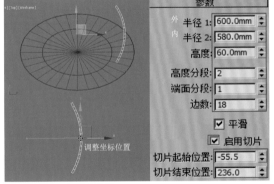

图2-8 整理与完成椭圆桌面

图2-9 调节冻结显示

图2-10 创建弧形桌横撑

提 示：塌陷修改堆栈用于丢弃堆栈历史记录减轻程序负担。如果自动塌陷成老版的"可编辑网格"，可再一次右键单击堆栈转换为"可编辑多边形"。在塌陷时想保留部分记录时，可将欲保留的记录拖拽至欲塌陷部分的上部，然后在欲塌陷部分执行右键对话框中的"塌陷到"命令，该命令为忽略其上层并向下塌陷全部记录。

## 1.2 模型的冻结与显示

"冻结"是将对象保留在场景中仅用于参考，不参与选择和编辑，并以灰色显示。其灰度可按个人配置的电脑显卡和显示屏情况加以设置。

步骤一： 冻结模型与调整冻结物体的显示灰度

（1）冻结模型。桌面模型>▣（显示）>冻结卷展栏>冻结选定对象。

（2）调整显示灰度。菜单栏自定义项>自定义用户界面>颜色选项卡>元素 ▾|几何体>冻结>单击色块指定成深灰色>立即应用颜色钮>✖（如图2-9所示）。

提 示： 设置后如果界面中冻结的颜色没改变则需重启程序。

步骤二： 设置能捕捉到冻结对象

主工具栏 3ᵉ（捕捉开关）>ᵉ对话框> 选项 卡>勾选 捕捉到冻结对象 。

## 1.3 在孤立与透明显示下制作桌脚与结构缝

▢（孤立当前选择）打开和关闭切换图标位于界面正下端状态栏。其作用为在场景中仅显示当前激活的对象（快键Alt+Q）。"透明显示"模型则方便检查与编辑对象背面或内部的结构。

步骤一：制作桌脚与结构缝

（1）创建桌脚弧形横梁。 ✛ ✿ ○ 标准基本体 >管状体>顶视窗中单击拖拽创建出圆管体>▨>设置参数（如图2-10所示）>调整坐标位置。

（2）编辑网格线段。修改堆栈>ᵉ 可编辑多边形 >∴>▢>前视窗中框选顶点并移动位置>透视窗>ᵉCtrl+点选顶点> 编辑顶点 卷展栏> 连接 >同样方式完成另一端顶点的连接（如图2-11所示）。

（3）挤出桌脚。²⁵ᵐ>顶视窗中移动和捕捉到桌面内弧位置>顶视窗标签>ᵉ底视窗>▨>■（多边形）>选择多边形> 编辑多边形 卷展栏> 挤出 ▢（挤出）>参数盒>设置挤出桌脚参数>⊕>再次输入脚垫的高度>☑（如图2-12所示）。

（4）制作转角处结构缝。▢>◢（线子级）>Alt+中键旋转透视窗选择需要的线段> 切角 ▢>数量1（如图2-13所示）。

（5）制作平面上的结构缝。Alt+X（透明显示）>▣ ■>Ctrl+框选切角出现的双线轮廓> 编辑多边形 卷展栏> 倒角 ▢>设置参数盒（如图2-14所示）。

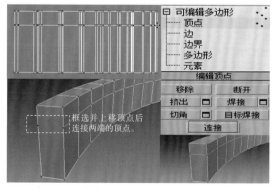

图2-11 移动和连接顶点

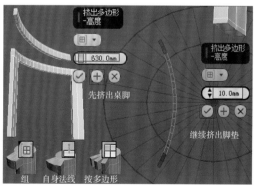

图2-12 挤出桌脚与脚垫

图2-13　切角

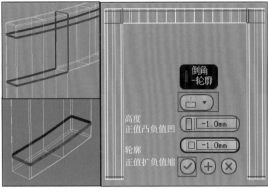

图2-14　结构缝

步骤二：用焊接顶点命令整理错缝

切角时在转角处会生成一些几乎重叠在一起的双线，使接下来的倒角产生错缝。一般而言，多边形编辑会经常产生一些重叠顶点或面，编辑完成后应养成清理的习惯。

（1）整理错位顶点。✛>主工具栏³ₘ>ᵣ右 捕捉 选项卡>只勾选"顶点"项>透视窗中拖拽错位顶点捕捉到正确位置的顶点上（如图2-15所示）。

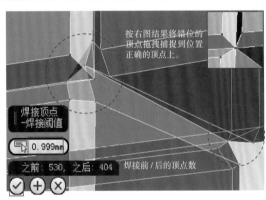

图2-15　编辑错位顶点

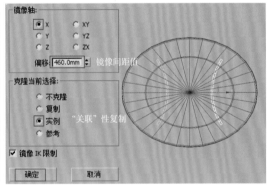

图2-16　镜像桌脚

（2）用焊接的方法消除重叠的顶点。✛>框选全部顶点> 编辑顶点 卷展栏> 焊接 □>设置参数盒>Alt+X取消透明属性。

## 1.4　模型镜像与成组

步骤一：镜像方式复制桌脚和移动方式复制横撑

（1）顶视窗桌脚>💡退出孤立模式>主工具栏🔲（镜像）>对话框设置参数（如图2-16所示）。

（2）顶视窗中创建 长方体 并调整参数，命名"横撑"并放置好位置>修改堆栈塌陷为 可编辑多边形 >✓>视窗中完全框选横撑> 切角 □>切角数量为1 mm>修改堆栈中返回 可编辑多边形 根级>左视窗中Shift+✛拖拽横撑沿X轴向右复制移动一定距离后释放>对话框>设置参数（如图2-17所示）。

提示：复选"实例"项，修改任意一方时，对方自动同时修改（比例缩放工具和材质不受此限制）。在修改堆栈窗口下，有实例关系的对象会激活♥（独立）钮，按下该钮可取消其关联关系。复选"参考"项，在对象不作塌陷之类丢失属性的条件下，改动原始父对象则镜像出的子对象也改动。子对象改动时父对象不受其影响。

步骤二：设置"组"

视窗中选择全部桌脚和横撑>菜单栏 组(G) > 组(G)... >对话框>设置组名（如图2-18所示）。

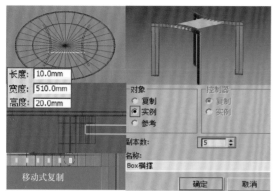

图2-17　制作横撑

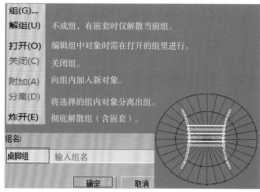

图2-18　创建组

提示：设置"组"是将当前全部选择的对象组合成一个"块"，便于选择、移动等操作。组可嵌套（将多个组再次组合）和编辑。组在打开后，其外围有桃红色边框出现以提示处于打开状态。

### 1.5　制作平滑塑胶吸盘与对齐

步骤一：制作吸盘支柱与塑胶托座

（1）制作支柱与托座基本形。❖◯> 圆锥体 >顶视窗单击拖拽创建圆锥体并设置参数>右>四联菜单>克隆>对话框>关系为 ◉ 复制 ，命名"托座"> 确定 > ◢ > 修改参数> > 右设置捕捉项> 🔒 （锁定）>移动托座与支柱端点对齐>按空格键退出锁定（如图2-19所示）。

（2）编辑托座。托座> ◢ >修改器列表 ▾ > 编辑多边形 修改器> 编辑几何体 卷展栏> 松弛 ▫ >对话框>设置参数> ▫ ■ >Ctrl+ ✛ >前视窗中框选托座顶、底面>Delete键>修改堆栈中返回 编辑多边形 根级>前视窗中Shift+ ✛ 上移复制托座>对话框>关系为 ◉ 复制 ，命名"塑胶"（如图2-20所示）。

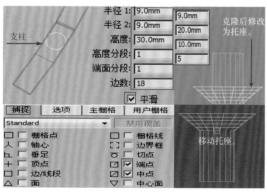

图2-19　制作支柱与吸盘的托座

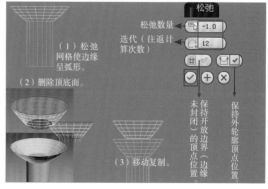

图2-20　编辑托座和复制

提示：修改堆栈中如果留有最初创建的原始对象，在中文版界面下往复编辑多边形时容易出现bug，塌陷后可恢复正常。

步骤二：编辑和平滑塑胶体

（1）丢弃原托座编辑结果。确认塑胶体的 编辑多边形 修改器处于堆栈最上层>🗑（删除）>修改吸盘原始参数（如图2-21所示）>修改堆栈塌陷为 可编辑多边形

（2）重新编辑结构。⬥▪>前视窗中再次选择顶、底面> 编辑几何体 卷展栏> 塌陷 >◁>选择线段> 选择 卷展栏> 环形 >Ctrl+ 将已选择的线段转换为多边形> 编辑多边形 卷展栏> 挤出 ▪ >设置参数盒>修改堆栈塌陷为 可编辑多边形 >▪▪>分别选择2个端面中心顶点沿Y轴下移拉出斜面，完成塑胶基本形（如图2-21所示）。

（3）平滑塑胶体。 修改器列表 > 网格平滑 修改器>细分量卷展栏>设置参数（如图2-22所示）。

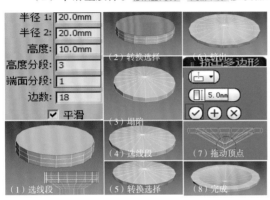

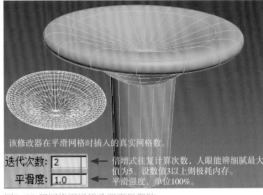

图2-21 用复制物体制作塑胶

图2-22 用网格平滑修改器平滑塑胶

提示：对齐的轴向方位显示与当前激活的视窗有关。

步骤三：使用对齐工具与完成餐桌模型

（1）▣>"按名称解冻">对话框>"椭圆桌面" 解冻 钮。

（2）前视窗塑胶模型>主工具栏 ▣（对齐）>托座>对话框>设置选项（如图2-23所示）。

（3）视窗中选择支柱、托座、塑胶模型>菜单栏 组(G) >命名为"Group吸盘">确认前视窗为当前>🗐>前视窗中点取桌脚>设置对话框选项（如图2-24所示）。

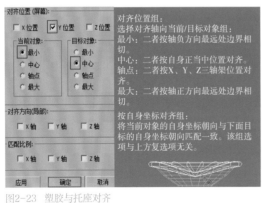

图2-23 塑胶与托座对齐

图2-24 餐桌组件对齐

（4）前视窗中桌面>🗐>单击吸盘组内塑胶>对话框选项同图2-24，将桌面置于塑胶之上。

（5）Shift+⬥拖拽复制出3个关系为"实例"的吸盘组并放置好位置>主工具栏 🔍（按名称选择）>对话框> Shift+单击选择全部组件名> 确定 >创建"Group椭圆玻璃餐桌"组（如图2-25所示）。

提示：物体与"组"对齐时，按组内被单击的对象坐标对齐。

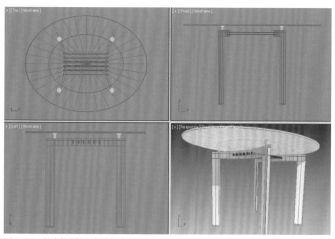

图2-25 完成的椭圆玻璃餐桌模型

## 1.6 材质编辑器与自建材质库

材质编辑器是一个创建、编辑、管理和赋予对象质感与色彩纹理的浮动工作台。在主工具栏右侧有两种模式的下拉式材质编辑器图标""，提供选择打开"平板材质编辑器"（默认）或经典老版"精简材质编辑器（材质编辑器内的菜单栏"模式"标签下也可切换）。平板材质编辑器由材质/贴图浏览器、活动视图、导航器、参数编辑器4大部分组成（如图2-26所示）。

材质/贴图浏览器：提供材质和贴图以及设置材质动画的控制器、临时材质库、新建、保存与调用自建材质库，以及多项右键菜单功能。

菜单栏与工具栏：菜单栏以下拉菜单方式提供材质编辑器全部功能。习惯用精简材质编辑器的老用户可在此切换界面。工具栏提供常用工具。右侧有一个下拉列表框用于多个活动视图的切换。

节点：示例球有白角符表示场景中正在使用。贴图已显示用枣红色标识。白虚线表示已打开并参数编辑器。白线表示仅激活为当前。Delete键可删除在活动视图中完成编辑任务的节点。

活动视图：显示材质节点。拉动两侧窗口边框可调窗口大小、栏头右键菜单可创建多个新活动视图。材质和贴图均可直接在活动视图空处右键或输出管座上双击调出。

导航器：拖动与动视图关联的红线框可调整视图。

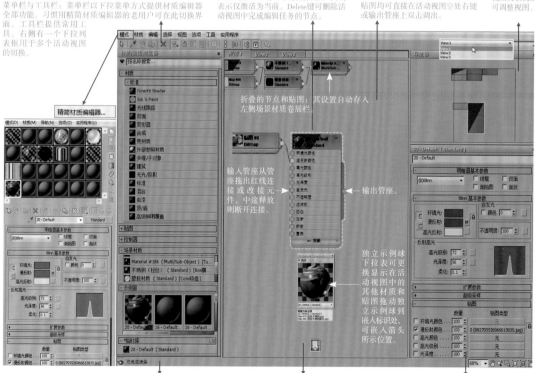

折叠的节点和贴图：其设置自动存入左侧场景材质卷展栏。

输入管座从管座拖出红线连接或改接元件，中途释放则断开连接。

输出管座。

独立示例球下拉表可更换显示在活动视图中的其他材质和贴图拖动独立示例球到嵌入标识处，可嵌入箭头所示位置。

状态栏：显示活动视图刷新状况。最右侧是活动视图漫游图标组，其功能可用鼠标中键代替。

从材质/贴图浏览器中双击材质调入节点到活动视图。双击节点示例球放大显示节点，再次双击还原。节点右键菜单有"打开预览窗口"项出独立示例球。

参数编辑器：双击节点出现设置项。在这里的贴图自动与活动视图关联。

图2-26 平板材质编辑器界面

材质编辑器工具栏常用图标功能。

选择：用于在活动视图中选择、移动拖拽等，默认激活。

吸管：从场景对象身上吸取材质。

赋予对象材质。

删除选择：在活动视图中删除选定的节点或关联关系，快捷键Delete。

同步：父节点与子节点同步移动。禁用则移动父节点时不动子节点，快捷键Ctrl+C。

隐藏/打开未使用的元件：在节点展开的情况下可设置，快捷键H。

视窗中显示贴图。

示例球中显示背景：采用方格图案背景用于观察材质的透明度。

全部纵/横：以垂直/横向自动整齐排列全部节点。

布局子对象：所选节点位置不动，自动整齐排列其子对象，快捷键C。

打开/关闭材质/贴图浏览器：默认启用，快捷键O。

打开/关闭参数编辑器：默认启用，快捷键P。

按材质选择：快捷选择场景中具有该材质的全部对象，条件为该材质示例球激活为当前。

制作材质基本流程。

激活场景中一个或多个对象后打开材质编辑器，从材质/贴图浏览器中双击或拖拽一至多个材质与贴图到活动视图产生浮动的材质节点和贴图节点，双击节点打开"参数编辑器"以调整其成分，拖拽其输出管座连接到上一级材质的输入管座，按下赋予材质图标指定给场景中激活的对象（或从输出管座直接拖到未激活的场景对象上）。

自建材质库可保存、调用或删除已设好参数和贴图的材质。

步骤：自建材质库与调用

（1）▓>▼（选项）钮>"新材质库">自动抵达已指定路径的"我的材质库"文件夹>给材质命名并保存为*.mat格式文件（如图2-27所示）。

图2-27　自建材质库

（2）自建材质库基本用法。▓>- 材质 >▓标准 或任意材质>右"拷贝到"（也可直接拖入）>"我的材质库"（如图2-27所示）。

（3）自建材质库卷展栏下的材质右键菜单>"从库中移除"已建材质>该卷展栏右键菜单>"关闭材质库">▼>"打开材质库">再次打开"我的材质库"。

### 1.7 设置桌面玻璃与透明浮雕材质

光滑类物体反射环境的强度一般很高，当模型较小或不需要辨识反射真伪时，用一张图片（位图）模拟环境来反射可大量减少渲染时间。在需要精确调整贴图纹理位置时最好在非透视变形的视窗中进行。如果模型做了添加、删除一类的编辑，常会使默认的贴图坐标受损导致贴图纹理不正确，需加入贴图坐标修改器予以恢复。

步骤一：制作清玻璃"伪反射"材质

（1）餐桌模型组>菜单栏 组(G) > 打开(O) >桌面模型> 🖼 - 材质 > ▇ 标准 >[2]活动视图中节点>[2]参数编辑器中命名为"清玻璃"并设置基本参数> 🖼 >透视窗>右 🫖 （渲染）（如图2-28所示）。

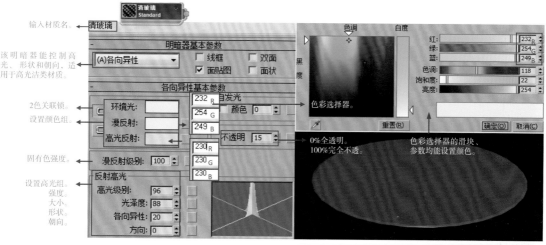

图2-28 清玻璃材质

（2）在顶视窗中显示位图纹理。顶视窗>右菜单栏 视图(V) >明暗处理选定对象> 🖼 >材质/贴图浏览器 - 贴图 卷展栏> ▇ 位图 >[2]打开用于模拟环境的光盘配套A-1客卧图。

（3）活动视图>连接位图输出管座与清玻璃材质节点"反射"项输入管座>位图节点>[2]参数编辑器>参照顶视图位图纹理显示的情况设置参数> 🖼 （如图2-29所示）。

（4）恢复桌面模型反复编辑后被破坏的贴图坐标。活动视图>清玻璃材质节点>[2]设置反射数量（强度）> ✏ >修改堆栈返回 可编辑多边形 根级> 修改器列表 ▼ > UVW 贴图 （贴图坐标修改器）>参数默认>修改堆栈塌陷为 可编辑多边形 > 🖼 （如图2-30所示）。

提示：贴图强度100%时，完全覆盖上一级颜色。

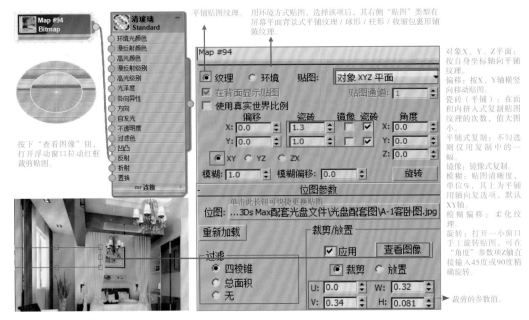

图2-29 设置"伪反射"贴图

**步骤二：制作玻璃切面材质**

（1） ＞材质/贴图浏览器 - 场景材质 ＞清玻璃材质＞右"复制到"＞"临时库"＞打开其下方出现的临时库卷展栏＞清玻璃材质＞右重命名为"玻璃切面"（如图2-31所示）。

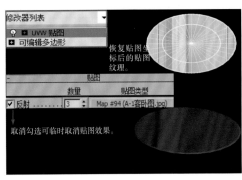

图2-30 设置反射强度与加 入修改器

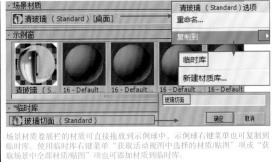

图2-31 复制和更改材质名

（2）拖拽玻璃切面材质到活动视图＞玻璃切面节点＞²修改参数（如图2-32所示）。

（3）菜单栏 视图(V) ＞取消 明暗处理选定对象(H) 勾选＞ ＞前视窗中选择桌面边缘一根垂直线段＞环形
（快捷选择一圈线段）＞Shift+ （快捷转换为面）＞ 扩大 ＞选区＞ ＞ ＞ 顶视窗框选桌面内圆线段＞ 循环 ＞Shift+ ＞ （如图2-33所示）。

提示：如果赋予材质图标呈灰色不可用状态，先检查视窗中桌面是否激活，再检查节点头部是否显示为浅蓝色，单击节点头部可转换为深蓝色激活赋予图标；同理，贴图节点头部也分浅绿和深绿两种状态。

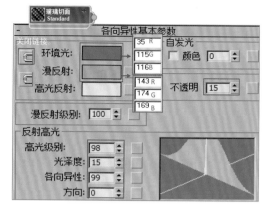

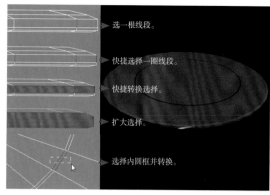

图2-32  修改参数

图2-33  赋予桌面玻璃切面材质

步骤三：设置玻璃浮雕的彩色纹理

（1）█>临时库卷展栏>拖拽玻璃切面材质至示例球卷展栏空示例球上释放>█重命名为"浮雕玻璃">拖拽该示例球至活动视图释放>对话框>● 实例（关联）项>确定>浮雕玻璃节点>²参数编辑器>修改基本参数>- 贴图 卷展栏>✓ 漫反射颜色>贴图钮>█位图>²打开光盘配套"Wal-408"图片>打开出现图片名的贴图钮>设置参数。

（2）活动视图>浮雕玻璃节点>²参数编辑器>- 贴图 卷展栏>设置贴图强度>◤顶视窗中框选桌面局部并转换成面>█>█>对话框>显示位置 浮雕玻璃（Standard）>█（如图2-34所示）。

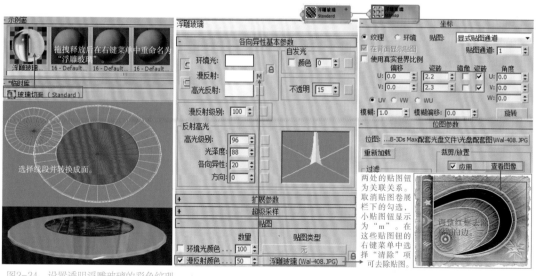

图2-34  设置透明浮雕玻璃的彩色纹理

步骤四：设置浮雕的透明与凹凸

参数编辑器>- 贴图 卷展栏>分别拖拽漫反射项贴图钮至"不透明度"贴图项和"凹凸"项贴图钮释放>对话框内均选择"实例"类型>分别设置贴图强度>透视窗>█ █（如图2-35所示）。

提示：在一个模型上有2个以上的材质和贴图时会显示此对话框。

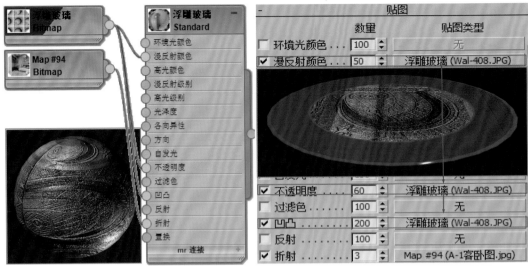

图2-35　直接拖放复制贴图

提示：透明贴图按彩图的灰度产生不同程度的透明（白100%透明，黑100%不透明），也可在PS中处理为黑白图配套使用。设置透明贴图后，在基本参数卷展栏下的原透明参数自动失效，改由贴图卷展栏下"数量"控制透明强度。

提示：凹凸原理：使用彩图或黑白图中的灰度进行"白凸黑凹"，黑白之间按灰度产生不同强度凹凸，负值则"白凹黑凸"。

### 1.8　设置桌脚拉丝不锈钢材质

步骤一：设置拉丝不锈钢材质

视窗中选择桌脚组>▨>修改器列表 ▾>UVW 贴图 修改器>提示对象有关联关系对话框>确定 >▨>材质/贴图浏览器 - 材质 >-标准 材质>[2]活动视图中节点>[2]参数编辑器>设置基本参数>参照浮雕玻璃材质的贴图步骤设置各项贴图和赋予材质（如图2-36所示）。

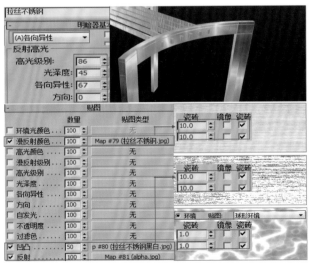

图2-36　拉丝不锈钢材质

提示：当漫反射颜色贴图强度达到100%时会完全覆盖漫反射颜色，故可以不设置漫反射颜色。图例中反射项在贴图坐标卷展栏下复选环境项和采用球形环境贴图方式，是使贴图纹理球化变形模拟亚光不锈钢散射的效果。

步骤二：编辑不锈钢拉丝纹理方向

（1） >修改堆栈>²塌陷全部 >丢失全部历史（含关联关系）对话框> ✔ 不再显示该信息 > 是(Y)
>可编辑多边形 >菜单栏组(G) >打开>餐桌脚> > >左视窗中框选横梁后再加入贴图修改器并设置
参数（如图2-37、图2-38所示）。

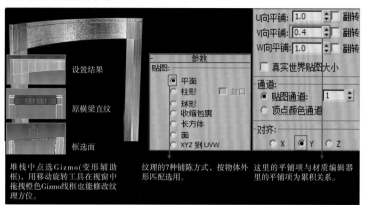

图2-37 局部调整拉丝不锈钢横纹

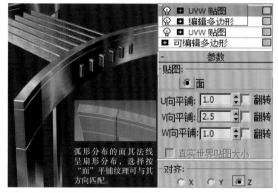

图2-38 局部调整拉丝不锈钢弧纹

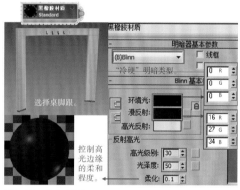

图2-39 胶垫材质

（2）用同样方法给其余桌脚和横撑加入贴图修改器，并将垂直贴图纹理调整为横向纹理。

步骤三：赋予桌脚橡胶垫材质

餐桌脚> >修改堆栈塌陷为可编辑多边形 > >前视窗中框选桌脚跟> >材质/贴图浏览器 - 材质
> 标准 材质>²活动视图中节点>²参数编辑器>设置基本参数并赋予材质（如图2-39所示）。

## 1.9 设置吸盘镜面不锈钢与半透明塑胶材质

步骤一：设置支柱与托盘镜面不锈钢材质

（1） >- 材质 卷展栏 标准 材质>²活动视图中节点>²参数编辑器中设置参数>- 贴图 卷展栏
>反射项设置 渐变坡度 程序贴图（如图2-40所示）。

提示：1000像素约等于A4幅，1500像素约等于A3幅，2000像素约等于A2幅。如需其他尺寸打印，可在"输出大小"下拉列表内选择"自定义"项，在其下按下出现的"图像纵横比"锁定图标，输入"宽度"尺寸即可。

提示：程序贴图指Max自带的、参数化的简单几何图形贴图,该类贴图能较好地解决物体转角处常出现的纹理接缝对齐问题。环境艺术专业常用的程序贴图有噪波、衰减、渐变、渐变坡度等。

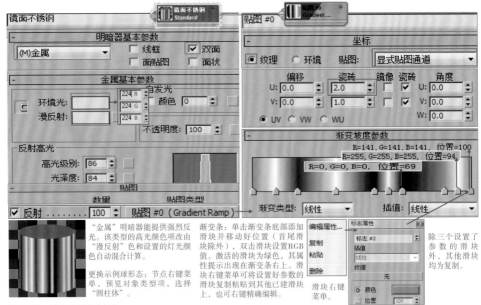

图2-40　镜面不锈钢材质

"金属"明暗器能提供强烈反光。该类型的高光颜色项改由"漫反射"色和设置的灯光颜色自动混合计算。

更换示例球形态：节点右键菜单，预览对象类型项，选择"圆柱体"。

渐变条：单击渐变条底部添加滑块并移动好位置（首尾滑块除外），双击滑块设置RGB值。激活的滑块为绿色，其属性提示出现在渐变条右上。滑块右键菜单可将设置好参数的滑块复制粘贴到其他已建滑块上，也可右键精确编辑。

除三个设置了参数的滑块外，其他滑块均为复制。

（2）视图中打开吸盘组>支柱>修改堆栈中加入 UVW 贴图 修改器>复选"球形">　>　>托座材质与上操作相同（如图2-41所示）。

图2-41　贴图坐标修改器和双面材质

**步骤二：设置吸盘半透明塑胶材质**

　>材质/贴图浏览器 - 材质 卷展栏 标准 材质>[2]活动视图中节点>[2]参数编辑器中设置参数>视图中吸盘>　>其他吸盘组材质与其操作相同（如图2-42所示）。

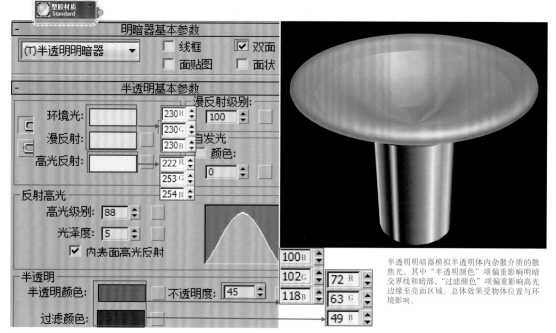

半透明明暗器模拟半透明体内杂散介质的散焦光。其中"半透明颜色"项偏重影响明暗交界线和暗部，"过滤颜色"项偏重影响高光边缘至亮面区域。总体效果受物体位置与环境影响。

图2-42　半透明塑胶材质

### 1.10　设置背景色与渲染曝光控制

步骤：

（1）菜单栏 渲染(R) >环境(E)… >设置背景色参数。

（2）菜单栏 渲染(R) >渲染设置(R)… >"公用"选项卡>设置参数> 渲染(R) （如图2-43所示）。

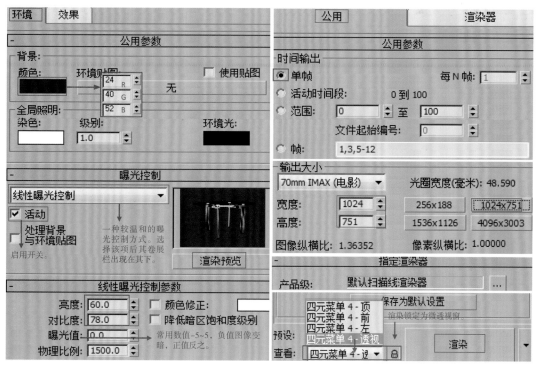

图2-43　设置渲染图参数

### 1.11 保存与打包场景

3ds Max 2014版场景文件在保存时提供2011版至2014版共4种保存类型，默认同时保存场景贴图的存放路径。如果事后删除或改动了贴图存放处，再次打开场景时会出现丢失贴图的"缺少外部文件"对话框，虽可替换或找回贴图但很费事。想将场景用于其他电脑上时，用"打包"方式将场景文件和贴图自动收集保存在一个文件夹中即可解决这个问题。

步骤一：保存渲染图与场景

（1）渲染帧窗口> 💾 >指定渲染图保存的盘符与JPEG格式文件> 保存(S) >对话框>均选择最佳质量> 确定 。

（2）菜单栏 ➤ >保存>对话框>指定保存场景文件的盘符与文件名，保存类型为3ds Max（*. max）格式2014版场景文件> 保存(S) 。

步骤二：打包场景

（1） 🔧 （实用程序）> 🔲 （配置按钮集）>对话框>按钮总数10>右侧向下拖动滑块露出新钮>左侧列表中拖拽"资源收集器"至新钮释放> 确定 。

（2） 资源收集器 > 浏览 >对话框>指定盘符并新建命名为"餐桌"的文件夹>打开餐桌文件夹> 使用路径 >勾选全部"资源选项"，保留默认"复制"选项> 开始 （如图2-44所示）。

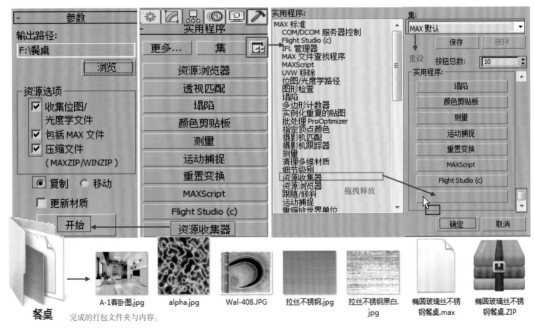

图2-44 设置按钮集和打包文件

步骤三：在其他电脑上调用打包文件

➤ >打开>餐桌文件夹>椭圆拉丝不锈钢餐桌.max>[2]Shift+T>资源追踪对话框>检查全部贴图为"已找到"状态（如图2-45所示）。

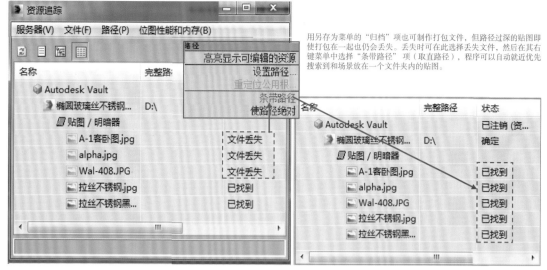

用另存为菜单的"归档"项也可制作打包文件，但路径过深的贴图即使打包在一起也仍会丢失。丢失时可在此选择丢失文件，然后在其右键菜单中选择"条带路径"项（取直路径），程序可以自动就近优先搜索到和场景放在一个文件夹内的贴图。

图2-45　检查与修复贴图路径

# 2.制作珠光泡塑不锈钢餐椅

## 2.1　用从边旋转命令与桥命令制作钢椅架

**步骤一：制作椅板基本形与后椅腿**

（1）**▶**>重置>**✛**>创建一个**长方体** >**◢**>设置参数>修改堆栈塌陷为**可编辑多边形** >**◢**>**✛**>**▣**>顶视窗中分别框选顶点并比例缩放成型（如图2-46所示）。

（2）顶视窗标签>底视图>**◢** **▣**>Ctrl+**✛**>底视图中分别点取椅板较窄一边的两个面>**挤出** **▢**>连续设置参数（如图2-47所示）。

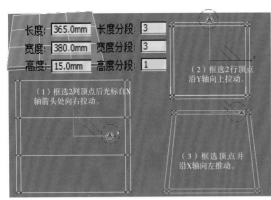

图2-46 制作椅板

图2-47 椅脚连续挤出的段数

步骤二：制作前椅腿与横撑

（1）透视窗中Ctrl+点选椅板前侧面>**编辑多边形** 卷展栏>**从边旋转** **□**>对话框>拾取转枢>透视窗中点选作为旋轴用的边（可重新拾取）>设置参数> **挤出** **□**>对话框>完成横撑的两次挤出>Alt+点选排除中间的面> **挤出** **□**>对话框>连续挤出（如图2-48所示）。

（2）透视窗中Alt+中键旋转视图>Ctrl+点取用于横撑的4个面>**编辑多边形** 卷展栏> **桥** （如图2-49所示）。

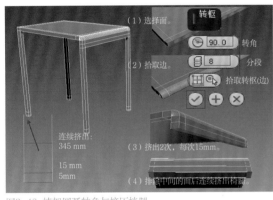

图2-48 椅架圆弧转角与挤压椅腿

图2-49 用"桥"命令连接横撑

提示：向激活的视图方向平行对齐。此时在前视窗中选择的顶点判断应朝左边对齐，因此选择线段后激活左视窗与其对齐。如果判断错误则模型对齐为撕裂状态，应及时按Ctrl+Z返回。注意每次应仅选择一排顶点，Ctrl+点选可补选，Alt+点选则去除已选。其规律为前视窗纵向选择则激活左视窗；左视窗中选择则反之。顶视窗纵向选择则激活前、左视窗。前、左视窗横向选择则激活顶视窗。顶视窗中横向选择则以自身为激活视图。

步骤三：制作靠背椅撑

（1）底视图标签>顶视窗>点选2个端面> **挤出** **□**>高度180>**☑**>15>**☑**>透视窗>**右**分别点选端面和用 **从边旋转** 命令完成圆转角。

（2）Ctrl+点选两个圆转角端面> **挤出** **□**>高度15>**☑**> **桥** （如图2-50所示）。

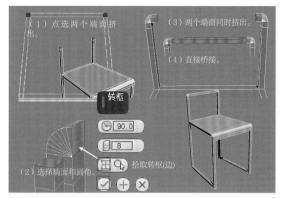

图2-50  制作靠背椅撑

## 2.2  用边界命令制作脚钉

步骤一：制作锥形脚钉

（1）▭ ▱ ◼ >前视窗中框选四个椅脚基部> 编辑几何体 卷展栏> 分离 >对话框>勾选"分离到元素"项> 确定 >⬥>右对话框>Y轴输入−25（如图2-51所示）。

（2）◯（边界）>框选全部椅架使其自动选择到全部的"开放边界"（破损面边缘轮廓线） 编辑边界 卷展栏> 桥 ◻ >设置参数盒>◼>框选制作的脚钉再次"分离到元素"便于后续的编辑>修改堆栈中返回 可编辑多边形 根级（如图2-52所示）。

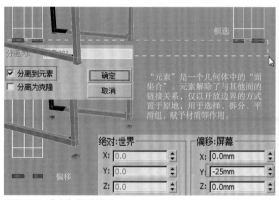

图2-51  分离与精确移动

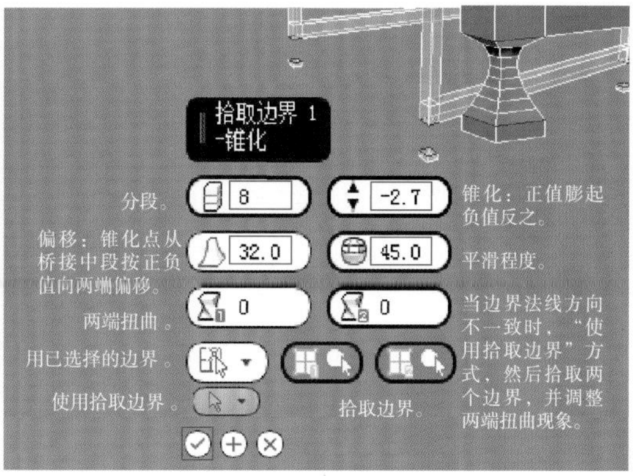

图2-52  制作脚钉

步骤二：备份餐椅架和制作椅架结构缝

在制作结构缝的过程中很容易出现意想不到的遗漏等问题，故而备份避免无法返回。

（1）Shift+⬥ 拖拽复制餐椅架>复制的餐椅架>右四联菜单>"隐藏选定对象"。

（2）餐椅架> ◳ >Ctrl+⬥>连续选择外轮廓线段（如图2-53所示）。

（3） 编辑边 卷展栏> 切角 ◻ >对话框>切角数量1>◯>单击视窗空处退出选择>▭>再次连续框选靠背两端和点选座板局部内轮廓线段> 编辑边 卷展栏> 挤出 ◻ >设置参数盒>◦◦>框选全部顶点> 编辑顶点 卷展栏> 焊接 ◻ >设置参数盒（如图2-54所示）。

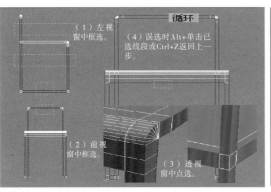

图2-53　按序选择线段

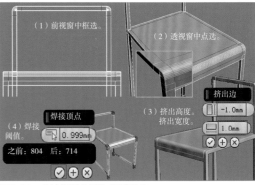

图2-54　内轮廓结构缝与焊接顶点

### 2.3　以椅架为例的四种物体子级快捷对齐

编辑过程中常需要顶点或线段之间的对齐，常用四种对齐方式与步骤如下。

（1）轴约束对齐。简便易行，适用于少量顶点的平行对齐。使用时打开捕捉（快键S）和在捕捉选项卡下勾选"启用轴约束"，启用后光标置于Y轴开始拖拽；过程中无论再朝哪个方面拖拽，顶点均约束为纵向移动，约束为X轴的横向移动与其同理。光标置于黄斑内仍可自由移动。操作如下：🖳（显示）>按名称取消隐藏 卷展栏>按名称取消隐藏>备份餐椅架>取消隐藏 >✍.>·.·> 前视窗中拖拽一个顶点任意错位>²·⁵ₘ>ᵘ对话框>设置捕捉项>🔧>移动顶点对齐（如图2-55所示）。

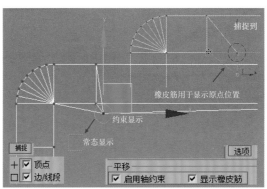

图2-55　轴约束对齐

（2）比例缩放对齐。直观控制，适用于少量顶点的平行需求。操作如下：关闭捕捉>⟳>前视窗中框选一排顶点旋转成歪斜状>📐>前视窗中光标置于Y轴箭头向下拖动水平对齐>前视窗中再次框选顶点，光标置于X轴箭头向左推动对齐（如图2-56所示）。

（3）视图对齐。在多顶点对齐且间距大时使用，但需判断方位和在4视图监控下操作。操作如下：🖳>前视窗中框选顶点并斜置>✓>框选纵向线段>左视窗>ᵘ 编辑几何体 卷展栏>视图对齐 （如图2-57所示）。

（4）平面化对齐。该方式在情况复杂时使用，要求与视图对齐相同。操作如下：Ctrl+Z返回纵向线段未对齐状态>确认前视窗激活和歪斜纵向线段已选择> 编辑几何体 卷展栏>✕轴钮（如图2-56所示）。

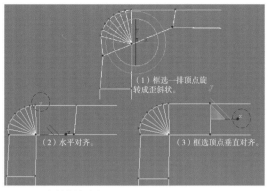

（1）框选一排顶点旋转成歪斜状。

（2）水平对齐。　　　（3）框选顶点垂直对齐。

图2-56　比例缩放对齐

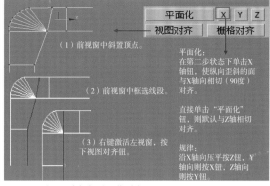

| 平面化 | X | Y | Z |
| 视图对齐 | | 栅格对齐 | |

（1）前视窗中斜置顶点。

（2）前视窗中框选线段。

（3）右键激活左视窗，按下视图对齐钮。

平面化：
在第二步状态下单击X轴钮，使纵向歪斜的面与X轴向相切（90度）对齐。

直接单击"平面化"钮，则默认与Z轴相切对齐。

规律：
沿X轴向压平按Z钮，Y轴向则按X钮，Z轴向则按Y钮。

图2-57　视图对齐和平面化对齐

## 2.4　用连接命令与锥化修改器制作坐垫

连接命令用于自由增加网格数，在多边形编辑中最为常用。

步骤：制作坐垫基本形

（1）[移动][旋转][缩放]>**长方体**>顶视窗中单击拖拽出基本形>[修改]>命名"坐垫"并设置参数>[对齐](对齐)>顶视窗中点取椅架>对话框设置参数>**确定**>左视窗中沿Y轴移动坐垫至椅架坐板上方大致位置（如图2-58所示）。

（2）添加网格数。椅架>右四联菜单>冻结当前选择>顶视窗坐垫>[编辑][修改]>修改器列表 ▼>**编辑多边形**修改器>[边]>框选纵向线段>**编辑边** 卷展栏>**连接** □>设置参数盒>Ctrl+[选择]添加框选两端线段>**连接**（默认上一次参数）>左视窗中点选坐垫厚度的一根线段>**选择** 卷展栏>**环形**>**连接** □>分段1>[确定]（如图2-59所示）。

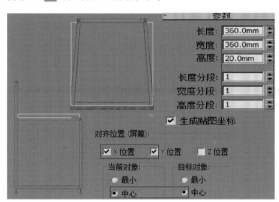

参数
长度：360.0mm
宽度：360.0mm
高度：20.0mm

长度分段：1
宽度分段：1
高度分段：1

☑ 生成贴图坐标

对齐位置（屏幕）：
☑ X位置　☑ Y位置　☐ Z位置
当前对象：　　　目标对象：
○ 最小　　　　　○ 最小
● 中心　　　　　● 中心

图2-58　坐垫基本形与对齐

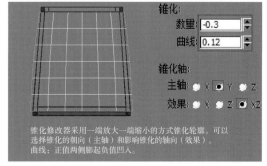

连接边

（1）框选

（2）分段

5　分段
0　收缩：等比放缩分段间距
0　滑块：分段整体向左或右偏移

（3）Ctrl+增选两端线段。

（4）分段值5。

（5）立面分段值1。

图2-59　坐垫基本形分段

（3）锥化坐垫。修改堆栈返回**编辑多边形** 修改器根级>**修改器列表** ▼>**锥化** 修改器>**参数** 卷展栏>设置参数（如图2-60所示）。

锥化
数量：-0.3
曲线：0.12

锥化轴
主轴：○ X ● Y ○ Z
效果：○ X ○ Z ● XZ

锥化修改器采用一端放大一端缩小的方式锥化轮廓。可以选择锥化的朝向（主轴）和影响锥化的轴向（效果）。
曲线：正值两侧膨起负值凹入。

图2-60　锥化基本形

## 2.5　用松弛修改器与挤压修改器修整坐垫

步骤：修整坐垫结构。

（1）▨>修改器列表 ▾>▎松弛 修改器>▎Parameters 卷展栏>设置参数>修改器列表 ▾>▎挤压 修改器>设置参数（如图2-61所示）。

（2）调整坐垫大小与平滑坐垫。修改器堆栈底部Box>对话框（警告）>▎是(Y) >修改参数>修改堆栈塌陷为 可编辑多边形 >修改器列表 ▾>▎网格平滑 修改器>设置参数并冻结坐垫（如图2-62所示）。

提示：网格平滑的原理是，计算各顶点的锐角值后按给定的插入值（%）自动参入网格表面以缓冲锐度。注意每迭代1次参入的网格数以4倍递增。如果因误设置几乎死机时可按 Esc 键停止计算。

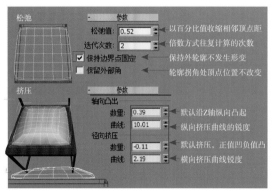

图2-61　松弛和凸起坐垫结构

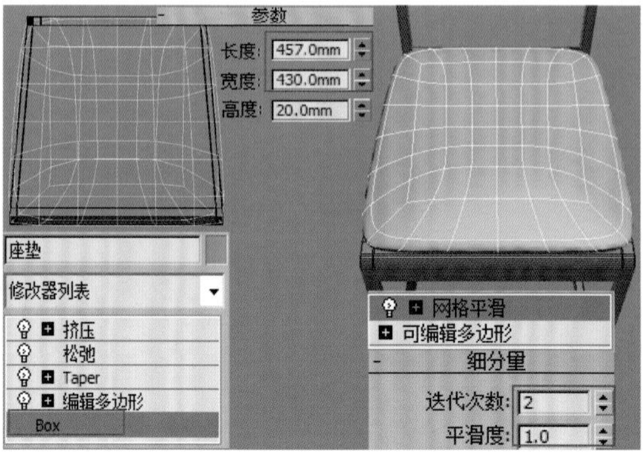

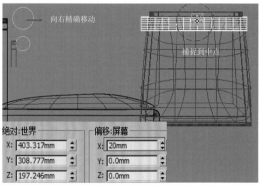

图2-62　重设基本形参数和光滑物体

## 2.6　用插入命令与弯曲修改器制作靠背

步骤一：建模

（1）✥○>▎圆柱体 >顶视窗中单击拖拽创建一个命名为"泡塑"的圆柱体>▨>修改参数>▧(角度捕捉)>▵对话框>▎选项 卡>设置捕捉角度>↻>前视窗中拖拽旋转一次（90度）>关闭▧（如图2-63所示）。

（2）精确移动。⒉⒌▒>对话框>▎捕捉 卡>▾中点 >▎选项 卡>确认默认勾选"捕捉到冻结对象">分别在顶、左视窗中拖动泡塑模型捕捉到靠背中、顶部>确认左视窗激活>✛▵对话框>设置偏移参数（如图2-64所示）。

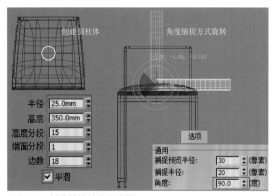

图2-63　创建并旋转靠背泡塑

图2-64　精确确移动泡塑

（3）Alt+Q(孤立显示)>⊞（所有视图最大化）>Alt+X（透明显示）>修改器列表 ▾|>编辑多边形 修改器>■>透视窗中点取一个端面>Alt+中键旋转视图，Ctrl+点取另一个端面>编辑多边形 卷展栏>插入 □ >对话框>插入量10>⊙> 倒角 □>高度–10，轮廓量–6，使底边轮廓缩小>⊙>修改堆栈返回 编辑多边形 修改器根级（如图2-65所示）。

步骤二：弯曲靠背和用修改器子级"中心"项约束变形

💡退出孤立显示模式>Alt+X退出透明显示模式>修改器列表 ▾|> 弯曲 修改器>参数卷展栏下设置参数>修改堆栈中单击Bend "+" 号打开子级>中心 >²⁵🔒>ᵃ确认☑ 中点 和默认 ☑ 捕捉到冻结对象 2项>顶视窗中拖动圆柱体坐标捕捉到椅架靠背中心释放左键（如图2-65所示）。

提示：如果不需要精确插入，可直接按下插入钮，在视图中单击拖拽插入多边形，完成后单击右键退出命令。

提示："角度"项为弯曲的强度，"方向"为弯曲的朝向。注意弯曲需要足够的段数。弯曲修改器的"中心"子项用于临时移动轴心来约束变形（仅移动工具有效）。Gizmo（变形辅助框）子项则采用调节包裹在物体外形上的橙色框位置来约束变形（能用移动、旋转、比例缩放工具）。弯曲修改器的"限制"参数组用于非对称性弯曲，勾选"限制效果"项开始生效。"上限"以正值从轴心向上限制弯曲。"下限"则以负值反向限制。如果因轴心默认在对象底部而无下限空间时，可使用"中心"子项或用"仅影响轴"命令移动轴心位置。

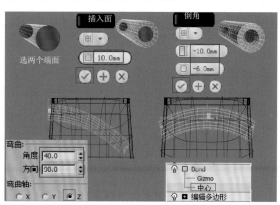

图2-65　编辑端面和弯曲

步骤三：制作泡塑系带与保存场景

（1）编辑系带凹痕。修改堆栈塌陷为 可编辑多边形 >◢>Ctrl+点选4根线段> 循环 > 编辑边 卷展栏> 挤出 □ >设置参数盒（如图2-66所示）。

（2）提取做系带用的网格线。视图中确认凹痕中4圈网格线仍激活> 编辑边 卷展栏> 创建图形 >对话框设置参数（如图2-66所示）。

（3）修改堆栈返回 可编辑多边形 根级>修改器列表 ▾|> 网格平滑 修改器> 细分量 卷展栏>迭代次数为2、平滑度为0.9。

（4）设置系带为可渲染样条线。🔳（按名称选择）>对话框>🗐（显示所有）>🖉系带> 确定 >🖉> 渲染 卷展栏>设置参数（如图2-67所示）。

（5）制作泡塑支撑。视图>ᵃ四联菜单> 全部解冻 >椅架>🖉>■>选择靠背横撑面> 挤出 □>挤出高度40>⊙>修改堆栈返回 可编辑多边形 根级（如图2-68所示）。

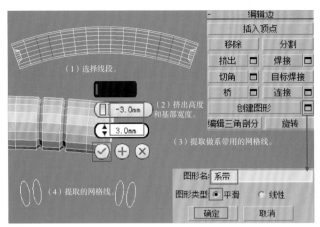

图2-66　编辑系带凹痕与创建图形

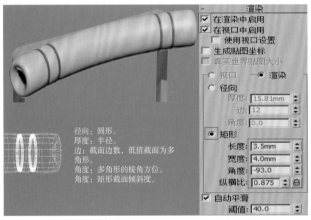

图2-67　设置可渲染样条线

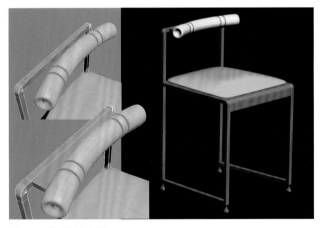

图2.-68　靠背泡塑支撑

（6）将餐椅部件成"组"，顶视窗中将椅子移至栅格粗黑十字交叉处保存场景文件。

提示：平滑度设为1（100%）时，模型网格不分难易等量细分。设为0.9时则按难易智能细分。将按矢量计算的NURMS（音"纳斯"，非均匀有理数网格平滑）切换为按像素计算的"经典"方式，即可见到真实细分的网格。

提示：默认世界坐标原点位置。合并场景文件时如果因比例悬殊不可见时，可在此寻找。

## 2.7 检测尺寸与合并场景文件

模型在修改堆栈中塌陷后丢弃了尺寸，工作中有需要其尺度作参考时，可通过检测的方法解决。

步骤：检测餐椅尺寸与合并餐桌文件

（1）餐椅> ↗ （程序）> 测量 （如图2-69所示）。

（2）▶>导入>合并>光盘"椭圆玻璃餐桌.max"场景文件> 打开(O) >对话框>Group餐桌> 确定 。

（3）确认餐椅激活> ▣ >顶视窗点取餐桌>对话框>设置选项> 确定 >左视窗中再次对齐与设置选项（如图2-70所示）。

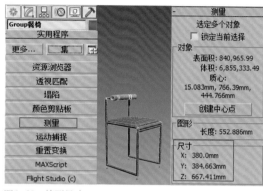

图2-69 检测尺寸　　　　　　　　　　　　　图2-70 分两次在不同视窗中对齐餐桌椅

## 2.8 环绕餐桌阵列方式复制餐椅

步骤：环形阵列6把餐椅

（1）餐椅>主工具栏> 视图 ▼ > 拾取 ▼ >场景中餐桌>确认坐标系窗口内显示为 Cylinder椭圆餐桌 ▼ >
▣ >菜单栏 工具(T) > 阵列(A)... >设置参数（如图2-71所示）。

（2）制作地面。 ❋ ○ > 平面 >顶视窗中拖拽出基本形> ⟋ >设置参数>前视窗> 右 ▣ >点取餐桌模型>对话框>设置选项> 确定 （如图2-72所示）。

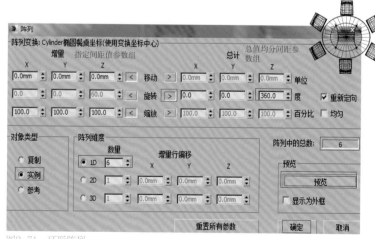

图2-71 环形阵列

重新定向：勾选则阵列物体呈放射状朝向轴心，否则保持同一朝向。

均匀：用于缩放项。勾选则等比缩放，反之可在三轴上设不同百分比值非均衡缩放。值小于100，物体递减增小；高于100反之。

1D：一行物体（1维）。"数量"用于指定阵列数。其设置单独由其上的总计参数组指定。

2D：按2维方式增加1维阵列物体的行数。"数量"为行数。行距由其右边增量行偏移参数组指定。

3D：按3维方式增加1维阵列的层数。"数量"为层数。层距由其右边增量行偏移参数组指定。

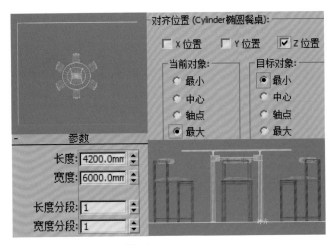

图2-72 制作地面并与餐桌椅对齐

### 2.9 用噪波贴图制作靠背泡塑材质

步骤：修改吸盘塑胶材质为泡塑材质

主工具栏 ▦ （仅选择对象）>选择一个餐椅模型组>菜单栏 组(G) >打开>泡塑模型>
▦ > - 场景材质 卷展栏> 塑胶材质 拖拽到活动视图释放>对话框>复选复制项> 确定 >▦ >对话框>复
选"重命名该材质">名称栏内输入"泡塑材质"> 确定 >活动视图中节点>[2]参数编辑器中设置参
数> - 贴图 卷展栏>凹凸项贴图钮> 噪波 >[2]设置参数（如图2-73所示）。

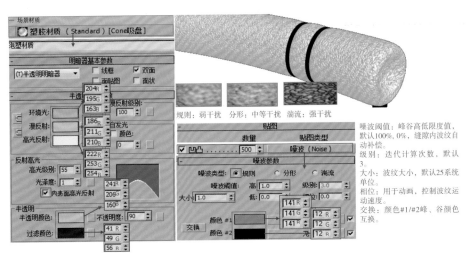

图2-73 泡塑材质

### 2.10 用提取贴图和反转选择制作椅架材质

步骤一：提取噪波贴图和局部赋予材质

（1）拖拽泡塑材质的噪波贴图钮至 材质/贴图浏览器 - 示例窗 卷展栏下新示例球上释放>对话
框> 复制 > 确定 >新示例球>[2]在活动视图中创建出节点（如图2-74所示）。

（2）▦▦ >视图中餐椅架>▦ > ▦ 前视窗中框选椅架局部面>编辑几何体 卷展栏> 分离 ▦ 勾选
"分离到元素"> 确定 >活动视图中新节点>[2]参数编辑器中命名为"沙钢">设置参数（如图2-75所
示）>将噪波贴图示例球拖至参数编辑器- 贴图 卷展栏下凹凸贴图钮释放>对话框> 复制 > 确定 >
数量500>▦ 。

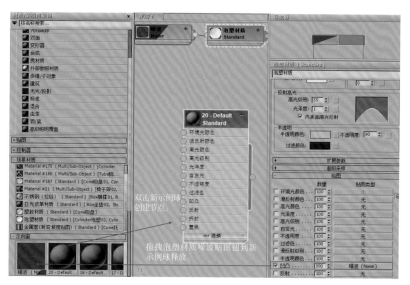

图2-74　示例球的运用

　　提示：模型在大量编辑多边形后经常不能正确赋予局部贴图，利用元素边界不与相邻面共享边界的原理使其独立贴图。

　　（3）菜单栏 编辑(E) > 反选(I) > 🔲 > 材质/贴图浏览器 - 示例窗 卷展栏>不锈钢拉丝示例球>² 🔓 > 🗍 >修改器列表 ▼>UVW 贴图 修改器>复选"面"贴图方式>设置V向平铺0.02>🔓 （如图2-76所示）。

　　提示："面"贴图指每个网格面均按自身法线方向贴一个完整的图。"平面"则仅保证面对屏幕方向的法线贴一个完整的图，其他朝向的面则粗略性计算，因此是速度最快的默认方式。"长方体"则兼有这两种贴图的特点，既以忽略网格数的方式向物体上下前后左右各投射一个完整的图，其中面对屏幕方向的面精确计算，其他侧面则粗略性计算。

　　（4）修改堆栈塌陷为 可编辑多边形 > ■ >前视窗中框选四个椅架锥形脚局部> 🔲 >材质/贴图浏览器 - 示例窗 卷展栏>橡胶材质示例球>² 🔓 （如图2-76所示）。

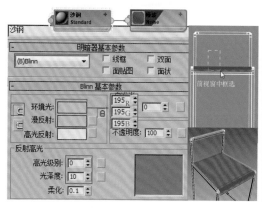

图2-75　沙钢材质

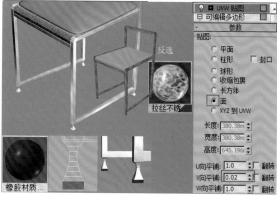

图2-76　餐桌材质的再运用

　　步骤二：制作坐垫与系带亚光皮革材质

　　（1） 🔲 > 材质/贴图浏览器 - 材质 > 🔲 标准 材质>² 活动视图中节点>² 参数编辑器>设置基本参数> 材质/贴图浏览器 - 示例窗 卷展栏>噪波贴图示例球>拖至参数编辑器 - 贴图 卷展栏下凹凸贴图钮释放>对话框> ⦿ 复制 > 确定 >数量200> 🔓 （如图2-77所示）。

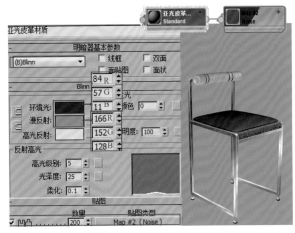

图2-77　坐垫与系带材质

（2）视窗中选择坐垫和"系带"模型>⊞>菜单栏 组(G) > 关闭(C) 餐椅组。

（3）赋予其他餐椅上述材质。

步骤三：从场景中单独保存选择的模型为新场景文件

选择一组餐椅模型>▶>另存为>保存选定对象>对话框>命名并保存。

## 2.11　用平铺贴图与光线跟踪贴图制作地板漆木材质

步骤一：制作胡桃漆木地板

（1）设置木地板纹理。视窗中地板模型>⊞>材质/贴图浏览器 - 材质 >█标准 材质>² 活动视图中节点>²>⊞>参数编辑器>命名为"胡桃木地板">明暗类型>Phong（塑料）>设置基本参数>- 贴图 卷展栏>漫反射颜色项>² █平铺 程序贴图>命名为"地板纹理">设置参数和打开光盘配套胡桃纹理位图>命名为"胡桃木贴图"和设置参数>▨（如图2-78所示）。

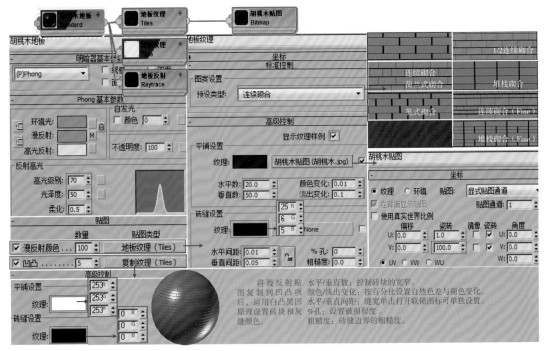

图2-78　漆木地板材质

提示：塑胶类质感明暗器。其"柔化"项用于调整高光光晕锐化度，默认0.1。与之相对的Blinn（冷硬）明暗器是标准材质的默认项，也是Phong明暗器的改进版。两者的高光都圆而光滑，其区别为Blinn高光光晕为旋转混合，Phong为发散混合。

（2）设置地板凹缝。活动视图>shift+拖曳地板纹理节点复制>胡桃木贴图节点>右 🔧使唯一（分离共用节点）>Delete键删去分离出的位图节点>拖曳复制的地板纹理节点输出管座与凹凸项输入管座连接>复制的节点>²命名为"胡桃木贴图">修改参数（如图2-78所示）。

（3）制作地板倒影。活动视图>胡桃木地板节点>²参数编辑器-贴图卷展栏>反射项贴图钮>■光线跟踪>²命名为"地板反射"并设置参数>透视窗>右 ⟳（如图2-79所示）。

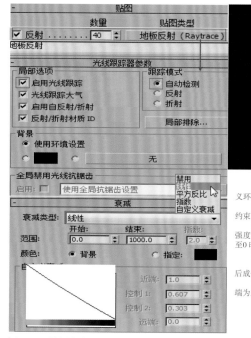

图2-79　地板光线跟踪设置

使用环境设置：

使用菜单栏"渲染"标签下"环境"项的设置。复选色块或贴图钮则自定义环境色。

禁用：跟踪强度100%无穷远(默认项)，使用衰减项可丰富光影层次感，也约束了计算范围加以加快渲染。

线性：该方式衰减过渡柔和，参数用于设置跟踪的半径。"开始"指跟踪强度100%时的内半径值（即对象表面0高度位置），"结束"指跟踪强度衰减至0时半径边界值。

平方反比：采用真实世界实际衰减速度。可设开始值，但不使用结束值。

指数：该方式衰减强烈。以开始与结束两个端点的值对比计算出幂值，然后成倍式衰减。

自定义衰减：用于非匀速性衰减。选择该项则激活下方曲线窗口，线段左端为反射强度100%，右为0。

近/远端：起与止处强度（%）。

控制1/2：分别控制两端曲线形状（直斜线为匀速衰减）。

提示：光线跟踪贴图仅用于3da Max线性扫描渲染器，适于表现光洁、透明类物体的反射、折射效果。

步骤二：产品级渲染设置与保存

（1）设置背景色。菜单栏 渲染(R) >环境(E)... > "公用参数"卷展栏和"曝光控制"卷展栏下设置参数（如图2-80所示）。

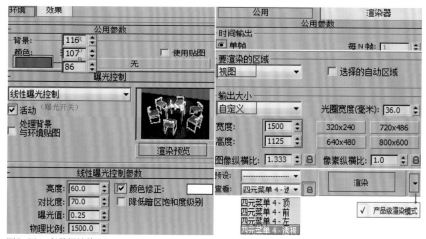

图2-80　产品级渲染

（2）（渲染设置）>设置渲染图尺寸与固定渲染视窗>渲染>渲染帧窗口>保存>选择盘符和*.Jpg格式保存图片>保存>保存场景文件。

## 3.制作陶瓶与果盘和欧式茶几

### 3.1 制作陶瓶

步骤：绘制截面轮廓和旋转成型

（1）绘制参考用矩形线框和陶瓶半截面图形。（图形）>样条线 >矩形>前视窗中拖出一个矩形线框>长225 mm、宽52 mm>线 >设置创建方法>前视窗中连续单击拖拽绘制线段>右视窗中配合右键四联菜单调整顶点属性和位置>（样条线）>几何体 卷展栏>用轮廓命令制作双线（如图2-81所示）。

（2）修改堆栈返回线根级>修改器列表 >车削 修改器>设置参数>修改堆栈 轴>前视窗沿X轴移动旋轴位置微调瓶子粗细>修改器列表 >补洞 修改器>修改堆栈塌陷为可编辑多边形 （如图2-82、图2-83所示）。

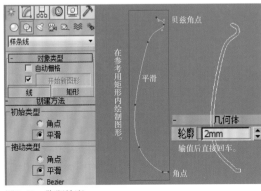

图2-81 陶瓶轮廓

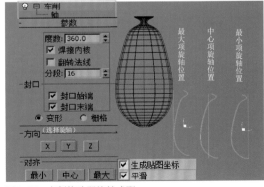

图2-82 车削修改器旋转成型

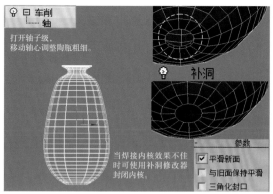

图2-83　调整瓶子粗细与封洞

### 3.2　用倒角剖面修改器与对称修改器制作果盘

步骤一：准备果盘底部轮廓和果盘围边用剖面

（1）准备底盘图形。 [图标] > 矩形 >顶视窗中绘制矩形> [图标] >命名"底盘">调整长宽参数160 mm、130 mm>修改堆栈> [右]塌陷为 可编辑样条线 > [图标] >选择上部两个顶点> [图标] > [右]对话框>偏移屏幕X轴60 mm> [图标] >选择两根线段> 几何体 卷展栏> 拆分 2>修改堆栈返回根级（如图2-84所示）。

提示：　为成型的果盘边缘光滑过渡做准备。

（2）准备剖面。前视窗中再绘制长宽各3 mm、20 mm的矩形>命名"围边"和塌陷为可编辑样条线 > [图标] >选择左边两个顶点偏移屏幕Y轴-18> [图标] >选择线段>Delete键>右端两个顶点> [右]四联菜单>平滑>单击修改堆栈空处返回根级（如图2-84所示）。

步骤二：果盘成型

（1） [图标] >视窗中"底盘"图形> 修改器列表 ▼ |> 倒角剖面 修改器> 参数 卷展栏> 拾取剖面 钮>视窗中点取"围边"图形（如图2-85所示）。

（2）顶视窗果盘> 修改器列表 ▼ |> 对称 修改器>设置参数>"镜像"子级>顶视窗沿Y轴正反向移动镜像出的部件，观察与原始物体交叠处自动互切全满意效果>修改堆栈塌陷为 可编辑多边形 （如图2-86所示）。

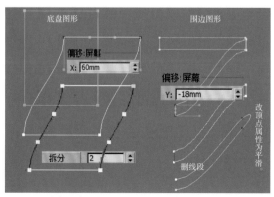

图2-84　准备果盘用的图形

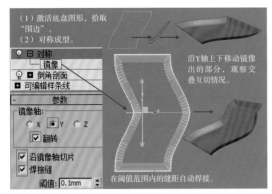

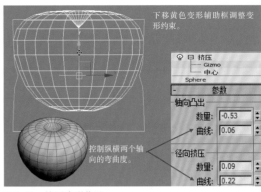

图2-85 果盘成型

图2-86 挤压成型苹果

### 3.3 用挤压修改器制作苹果

步骤：

⊙◯>**球体**>顶视窗中单击拖拽出一个半径40 mm、分段26的球体基本形>✐>**修改器列表** ▼>**挤压修改器**>设置参数>修改堆栈>∎>Gizmo>前视窗沿Y轴下移调整变形>修改堆栈塌陷为 **可编辑多边形** >✛>◯⊡>移动复制两个和调整方位大小。

### 3.4 用超级布尔工具制作茶几

Pro Boolean（超级布尔）是"布尔"工具的改进版。它们均用于对图形或几何体做挖洞、合并或相减等操作并清除交叠处插入内部的多余网格。布尔工具要求对象具有较多网格数。超级布尔则不需此要求且能连续执行，并自动将布尔结果细分为四边形面。

步骤：制作茶几面板

（1）准备合成在一起的多个基本形。⊙◯>**扩展基本体** ▼>**切角长方体**>顶视窗中单击拖拽出基本形1>✐>设置参数>前视窗中Shift+✛沿Y轴移动复制出3个，属性为复制>修改各参数，分段值均相同>顶视窗中对齐和前视窗中交叠放置（如图2-87所示）。

（2）连续合并。基本形2>⊙◯>**复合对象** ▼>**ProBoolean** > **参数** 卷展栏>默认复选"移动"项>◉ **并集** > **开始拾取** 钮>前视窗中连续点取基本形3、4合并>再次单击 **开始拾取** 钮退出拾取命令（如图2-88所示）。

（3）挖洞。◉ **差集** > **开始拾取** 钮>前视窗中点取基本形1>退出拾取命令（如图2-89所示）。

（4）找回基本形1作为他用。确认布尔对象仍激活>✐>**参数** 卷展栏下窗口内点选基本形1名称>◉ **复制** >**提取选定对象** 钮（如图2-89所示）。

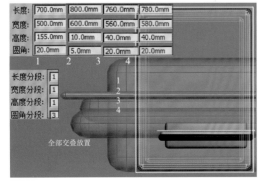

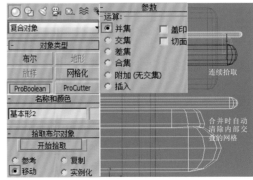

图2-87 准备多个切角几何体

图2-88 连续合并

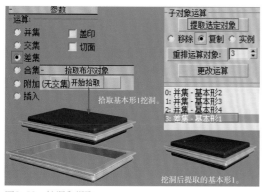

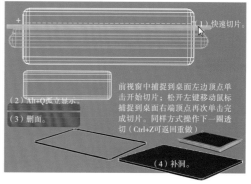

图2-89 挖洞和提取

图2-90 制作嵌入式茶几玻璃

### 3.5 用快速切片与切割命令制作台板异形网格

**步骤一：制作茶几玻璃面板与图案**

（1）物体根级自由透彻。恢复的基本形1>修改堆栈塌陷为 `可编辑多边形` 并命名 "玻璃" > `25` > `右` > 对话框> `☑ 顶点` > `编辑几何体` 卷展栏> `快速切片` >前视窗中完成切割（如图2-90所示）。

（2）删除方式修改厚度。`💡 □ ■` >前视窗选择面>Delete键> `∩` >视图中框选破损边界> `编辑边界` 卷展栏> `封口` （如图2-90所示）。

（3）在单面上切片与自由连续 "切割"。`■` >顶视窗玻璃体表面> `快速切片` >完成自由形几何大面> `切割` >顶视窗中单击并拖拽出虚线，光标变 "+" 号找到可用边时再次单击并连续操作完成小面的切割> `右` 结束命令> `右` 退出命令（如图2-91所示）。

（4）预设局部磨砂材质ID号。Ctrl+ `✥` 任意选择局部面> `多边形：材质 ID` 卷展栏> `设置 ID：2` > `💡` >关闭孤立选择并与桌面对齐（如图2-91所示）。

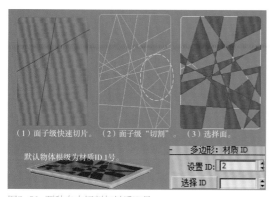

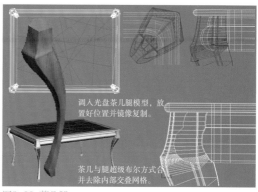

图2-91 两种自由切割与材质ID号

图2-92 茶几腿

**步骤二：合并模型和恢复贴图坐标**

（1）`➤` >导入>合并>光盘配套文件 "欧韵茶几腿" >对话框> `全部(A)` > `确定` >视窗中茶几腿> `✥ ▷◁ ▷` >复制镜像出4个茶几腿并放置好位置>茶几模型> `◿` >确认堆栈中仍为布尔状态> `● 并集` `开始拾取` 钮>顶视窗中连续点取4个茶几腿合并>右键退出命令（如图2-92所示）。

提示：合并成一个物体时，也将原茶几腿带有的材质一并合并使用。

（2）`◿` >修改堆栈塌陷为 `可编辑多边形` > `修改器列表` > `UVW 贴图` 修改器>参数默认>修改堆栈再次塌陷为 `可编辑多边形` 。

### 3.6 檀木RGB倍增贴图与细胞贴图结晶瓷材质

在位图色调不理想时，使用RGB倍增贴图可以快捷地调整位图的色调。该贴图有两个色块和贴图钮用于互乘，常用Color#1贴图，Color#2增色。细胞贴图是程序贴图，能生成马赛克瓷砖、鹅卵石纹理甚至海水纹等各种细胞图案。

步骤一：设置背景色调与认知RGB倍增贴图

（1）🎨>材质/贴图浏览器 - 贴图 - 标准 > 渐变>拖至示例球卷展栏下空示例球上释放>右重名为"背景">菜单栏 渲染(R) >环境(E)... >☑ 使用贴图 将"背景"示例球拖入环境贴图钮释放>对话框>⦿ 实例 >确定 >🎨"背景"示例球>² 活动视图"背景"节点>² 参数编辑器中设置色块参数，其他参数默认（如图2-93所示）。

（2）🎨>🖌>视窗中茶几>活动视图中出现材质节点>RGB倍增贴图节点>² 参数编辑器中观察将原始黄檀木位图修改成红檀木的设置（如图2-94所示）。

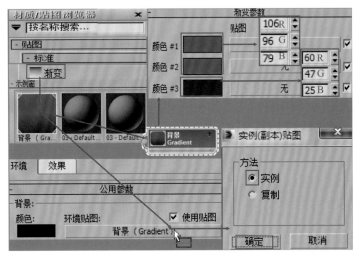

图2-93 设置背景贴图

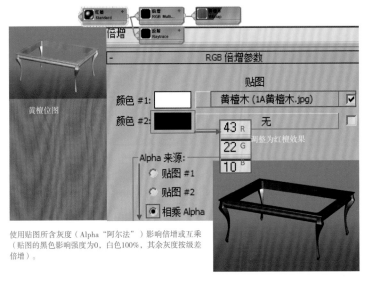

使用贴图所含灰度（Alpha"阿尔法"）影响倍增或互乘（贴图的黑色影响强度为0，白色100%，其余灰度按级差倍增）。

图2-94 倍增位图颜色

步骤二：制作果盘结晶瓷材质

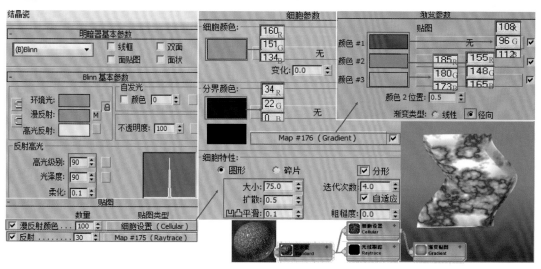（图2-95所示）。

图2-95 果盘结晶瓷材质

提示：在细胞颜色组下的"变化"参数用于对细胞色产生随机变化，值越高色变化越大。在分界颜色组下的上部色块为细胞壁色，下部色块为细胞缝隙色。缝隙色加入渐变贴图可使色彩灵动。在细胞特征组下的"扩散"指缝隙的延伸性、"凹凸平滑"指细胞壁的隆起光滑性。"分形"指细胞的不规则性。"自适应"和"迭代次数"用于控制层次的细腻。"阈值"组用于控制细胞大小变化时的极限值。

### 3.7 用混合贴图制作苹果皮材质

步骤：制作苹果皮材质

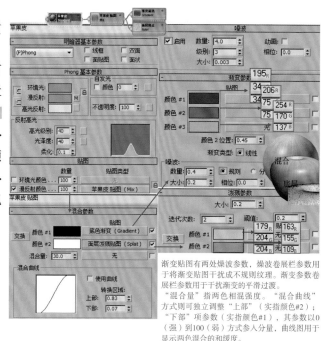

渐变贴图有两处燥波参数，燥波卷展栏参数用于将渐变贴图干扰成不规则纹理。渐变参数卷展栏参数用于干扰渐变的平滑过渡。"混合量"指两色相混强度。"混合曲线"方式则可独立调整"上部"（实指颜色#2）；"下部"项参数（实指颜色#1），其参数以0（强）到100（弱）方式人入分量，曲线图用于显示两色混合的和缓度。

图2-96 苹果皮材质

### 3.8 用顶/底材质和凹痕贴图制作粗陶材质

顶/底材质用于为模型的顶部和底部指定两种可以混合在一起的材质。两种材质的分界处由"位置"参数项确定，0值时分界处在底部，随值上升至100时到达顶部。从分界处开始向2边互混，其范围由"混合"值控制，值0时范围为0即保持交界处清晰不互混，随值上升开始互混至100%时2个材质全部互混。复选"世界"坐标则材质方位固定不随对象变换，"局部"坐标则反之。

凹痕贴图能随机生成痕迹的纹理，常配合"凹凸"项使用生成风化、锈迹或腐蚀一类的肌理效果。

步骤：制作陶瓶材质

（1）视窗中选择陶瓶模型> █ >材质/贴图浏览器 - 材质 > ● 顶/底 材质>²活动视图中节点>²█ >参数编辑器>命名为"粗陶">顶材质钮>命名为"深陶釉"并设置基本参数>- 贴图 卷展栏>漫反射颜色项贴图钮>█ 凹痕 贴图>²设置参数。

（2）活动视图中出现的深陶釉节点>²█ >参数编辑器>拖拽漫反射颜色项贴图钮至凹凸项贴图钮释放>对话框>● 复制 确定 >凹凸项贴图钮>修改参数。

（3）活动视图中粗陶节点>²参数编辑器>拖拽已设置的顶材质钮至底材质钮释放>对话框>● 复制 确定 >底材质钮>更名为"浅陶釉"并修改参数和贴图参数（如图2-97所示）。

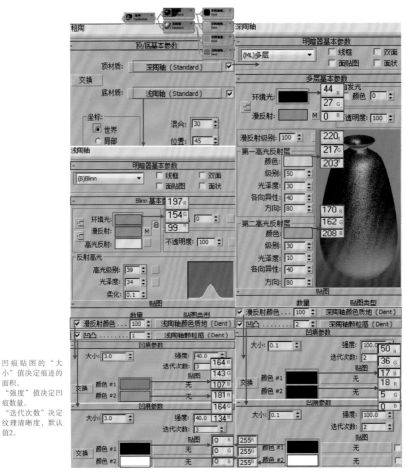

凹痕贴图的"大小"值决定痕迹的面积。
"强度"值决定凹痕数量。
"迭代次数"决定纹理清晰度，默认值2。

图2-97 顶/底材质与凹痕贴图

## 3.9 制作磨砂玻璃面板材质与按ID号选择面

步骤一：设置两种不同玻璃材质

（1）▨>材质/贴图浏览器 - 示例窗 卷展栏>◐>²活动视图中节点>²参数编辑器>命名为"清玻"并设置基本参数>- 贴图 卷展栏>漫反射颜色项贴图钮>■新变程序贴图>²设置参数>反射项贴图钮>■光线跟踪>²贴图强度40，其他参数默认（如图2-98所示）。

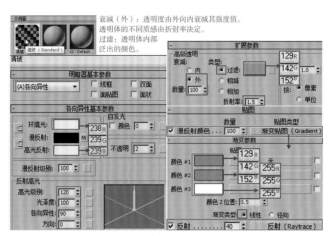

图2-98 清玻高级透明材质

（2）▨>材质/贴图浏览器 - 示例窗 卷展栏>拖拽"清玻"示例球至新示例球上释放>活动视图中节点>²参数编辑器>更名为"磨砂玻"并修改参数和贴图（如图2-99所示）。

步骤二：赋予两种不同玻璃材质

（1）✛>顶视窗>茶几面板模型>▨>材质/贴图浏览器 - 示例窗 卷展栏>"清玻"示例球>² 🔲。

（2）🖉>■>多边形: 材质ID 卷展栏>选择ID 2>回车键>选择ID>▨>材质/贴图浏览器 - 示例窗 卷展栏>"磨砂玻"示例球>²🔲透视窗>右 🔲 （如图2-100所示）。

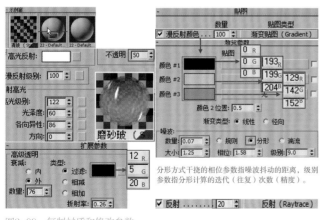

图2-99 复制材质和修改参数

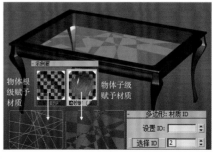

图2-100 茶几磨砂玻璃台板

# 4.制作秋水伊人落地灯

## 4.1 键盘输入方式绘制样条线与均分顶点

步骤：准备挤出灯柱用路径与基本形

（1）精确绘制顶点均为"平滑"属性的线段。前视窗>² 🔧 ⚙ 🔲 （图形）>**样条线** ▾ |> **线** >创建方法卷展栏>初始类型/拖动类型组均复选平滑项>打开键盘输入卷展栏>确认X、Y、Z轴方位均为0> **添加点** >Y轴420> **添加点** > **完成** （如图2-101所示）。

（2）均匀插入和编辑顶点。🖉>命名"柱身路径">✎>前视窗选择全部曲线变红> **几何体** 卷展栏> 拆分参数3> **拆分** >✚>前视窗第二个顶点>屏幕下方 🔟 （绝对模式变换输入）> 🔲 （偏移模式变换输入）>X轴-14>回车>前视窗中选择第三个顶点>X轴13>回车（如图2-102所示）。

（3）准备灯柱用基本形。⚙ 🔵> **平面** >顶视窗>单击并向右下方拖拽出基本形>ʳ退出命令>🖉> **参数** 卷展栏修改参数>修改堆栈>ʳ可编辑多边形 （如图2-102所示）。

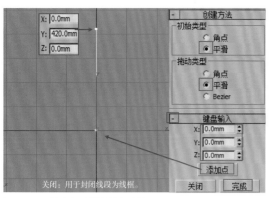

图2-101　键盘方式创建样条曲线

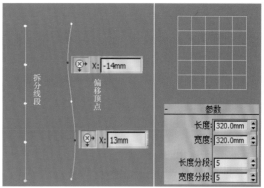

图2-102　编辑曲线和准备面片

## 4.2　沿样条线挤压与软选择方式制作人形灯柱

步骤：挤出和编辑灯柱基本形

（1）顶视窗>■>Ctrl+⁜选择五个子级面>Ctrl+I（反转选择）>Delete键>前视窗>右框选余下的面>编辑多边形 卷展栏>沿样条线挤出 □>对话框>拾取样条线图标>前视窗中点取绘制的样条线>分段18，锥化量-0.3，腰锥曲度-2.73，扭曲1.5>☑（如图2-103所示）。

（2）力度衰减方式做裙裾。⁜>前视窗框选灯柱底部一排顶点>软选择卷展栏>设置参数>☒>Y轴-950>取消"使用软选择"勾选避免后续误操作（如图2-104所示）。

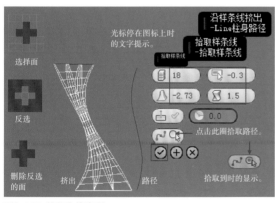

图2-103　编辑和挤出面

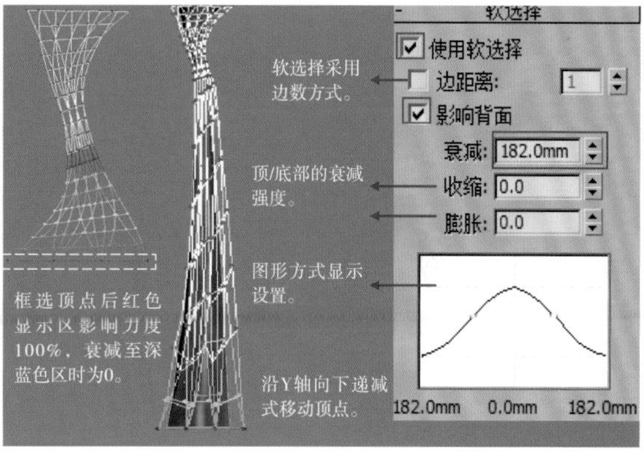

图2-104　软选择和下移顶点

## 4.3　预置开放边界与指定平滑组

平滑类修改器对几何体表面光滑时，规定只对相邻曲面的共用边有效。而几何体"元素"子级的边界定义为"开放"状态，即不再与相邻面共用边，故不参入平滑。以此原理为灯柱上部结构制作软硬交叠的曲面效果作准备。

指定"平滑组"的用途为可以按既定的平滑组选择面，还能改变用补洞命令修补面后出现的平滑不均现象。

步骤：平滑柱体前准备性编辑

（1）子级分离局部网格为"元素"属性■>透视窗Ctrl+⁜选择面>编辑多边形 卷展栏>倒角 □>设置参数盒>□>前视窗框选倒角部分>编辑几何体 卷展栏>分离>对话框>勾选分离到元素项>确定。

（2）指定平滑组ID号。确认倒角部分激活>多边形：平滑组 卷展栏>2号钮（如图2-105所示）。

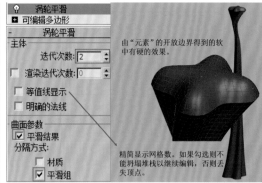

图2-105  平滑柱体前的准备　　　　　　　　　　　　图2-106  平滑灯柱

### 4.4  用涡轮平滑修改器与优化修改器编辑灯柱

涡轮平滑修改器用于平滑模型表面，优点为模型网格数多时仅平滑边缘的锐角，反之则通体圆化。用此规律可在几何体表面设置不同数量的网格数以获得希望的效果。

优化修改器用于精简模型的面和顶点数以减少文件量。

步骤：平滑与优化灯柱网格。

（1）修改堆栈返回可编辑多边形 根级>修改器列表 ▼>涡轮平滑修改器>设置参数（如图2-106所示）。

（2）修改堆栈塌陷为可编辑多边形 >修改器列表 ▼>优化修改器>设置参数（如图2-107所示）。

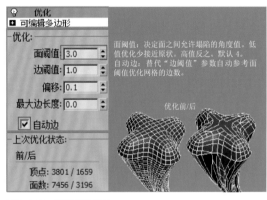

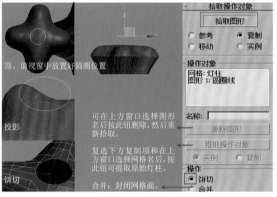

图2-107  设置优化参数　　　　　　　　　　　　　　图2-108  图形合并

### 4.5  图形合并与球形化修改器制作灯泡

"图形合并"命令用于将2维图形线框投影到几何体表面形成网格，尤其适合复杂物体的网格编辑。

步骤一：从灯柱挤出灯泡灯座用圆柱体

（1）⊕☐> 圆 >顶视窗灯柱居中位置创建一个半径15的圆形>前视窗中将圆形移至灯柱上方>激活灯柱>⊕○>复合对象 ▼> 图形合并 > 拾取图形 钮>拾取顶视窗中圆圈产生投影>复选"饼切"项使其开洞>再次单击拾取钮结束操作（如图2-108所示）。

（2）☑>修改堆栈塌陷为可编辑多边形 > ○>选择饼切边> 编辑边界 卷展栏> 封口 >■>顶视窗点选圆形面> 编辑几何体 卷展栏> 视图对齐 >编辑多边形 卷展栏> 挤出 □>分两次设置参数盒挤出圆柱>✓☐>前视窗框选线段> 编辑边 卷展栏> 连接 □>参数盒>分段25（如图2-109所示）。

步骤二：球化灯泡与锥化灯座

（1）■>选择圆柱顶面> 编辑几何体 卷展栏> 塌陷 >.>透视窗选塌陷出的圆心点>Ctrl+✓转换

为选择线段> **连接** ▣ >参数盒>分段5> ✓ >前视窗框选圆柱体线段> **修改器列表** ▾ |> **球形化** 修改器>球化强度100%（如图2-110所示）。

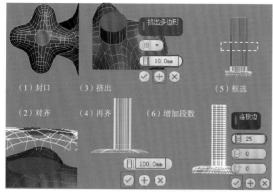

图2-109　挤出灯柱并作球化前的准备

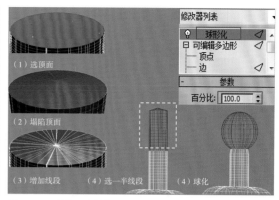

图2-110　制作灯泡基本形

（2） **修改器列表** ▾ |> **编辑多边形** 修改器> ▣ >前视窗框加选灯泡基部> **编辑几何体** 卷展栏> **分离** >对话框>勾选分离到元素项> **确定** > **修改器列表** ▾ |> **松弛** 修改器>设置参数（如图2-111所示）。

（3）修改堆栈塌陷为 **可编辑多边形** > ◁ >前视窗框选圆柱体线段> **修改器列表** ▾ |> **锥化** 修改器>设置参数（如图2-112所示）。

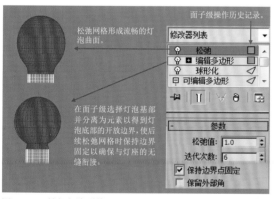

图2-111　编辑灯泡形体

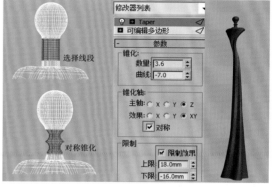

图2-112　编辑灯座

步骤三：分离灯座与灯泡为新物体并成组

（1）修改堆栈塌陷为 **可编辑多边形** > ▣ >前视窗中选择灯座部分> **编辑几何体** 卷展栏> **分离** >对话框>"分离为"视口内输入"灯座"名> **确定** >框选灯泡>同样分离命名为"灯泡">修改堆栈返回 **可编辑多边形** 根级。

（2）视窗内框选全部物体>菜单栏 **组(G)...** >创建组并命名为"落地灯"。

### 4.6　用角度捕捉方式旋转复制和修剪样条线制作灯罩轮廓

步骤一：绘制旋纹灯罩基本形并与灯泡对齐

（1） ⚙ ⟲ > **多边形** >顶视窗单击并拖拽出基本形> **参数** 卷展栏>设置半径300 mm，边数5，角半径12。

（2） ⬚ >前视窗灯泡顶部>对话框>勾选Y位置项>当前对象组和目标对象组均复选"最小"项> **应用** >勾选X位置项，去掉Y项勾选>当前对象组和目标对象组均复选"中心"项> **确定** 。

（3） ⬚ **右** 对话框>"选项"标签>角度5> ⟲ >顶视窗中光标置于黄圈处，Shift+向下拖拽一次释放左键>对话框> ⦿复制 >副本数（复制数量）3> 确定 （如图2-113所示）。

步骤二：样条线粘贴与修剪

（1）确认一个多边形激活> ✛⟲ >修改堆栈塌陷为 可编辑样条线 > 几何体 卷展栏> 附加 >顶视窗中连续点取全部多边形将其粘贴成一个对象>修改堆栈上方命名为"灯罩" >视窗空处 右 关闭附加命令。

（2） ⋀ （样条线）> 几何体 卷展栏> 修剪 >顶视窗中从左至右按序修剪样条线> ⋰ 框选全部顶点> 几何体 卷展栏>焊接阈值0.99> 焊接 （如图2-114所示）。

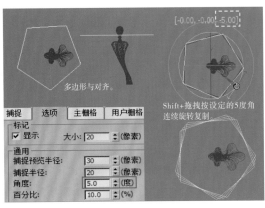

图2-113　制作灯罩基本形

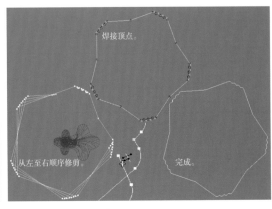

图2-114　编辑灯罩轮廓

提示：无序修剪会出现剪不动的断开线段（出现这种情况时也可进入"线段"子级，在视窗中选择残余的线段后用Delete键删除）。误剪时除Ctrl+Z能返回外，还可在"顶点"子级按下"连接"钮，在顶视窗中拖拽已断开的顶点至另一端顶点连接成线段。

提示：超过该距离值的顶点不焊接。

## 4.7　用挤出修改器与扭曲修改器制作旋纹灯罩

步骤：制作旋纹灯罩

（1）将样条线挤出为几何体并锥化。修改堆栈返回 可编辑样条线 根级>修改器列表 ▾▷ 挤出 修改器>设置参数>修改器列表 ▾▷ 锥化 修改器>设置参数（如图2-115所示）。

（2）制作旋纹。 修改器列表 ▾▷ 扭曲 修改器>设置参数（如图2-116所示）。

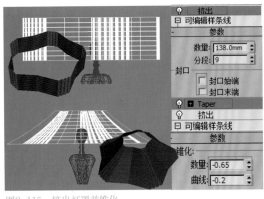

图2-115　挤出灯罩并锥化

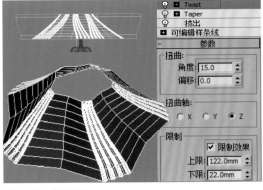

图2-116　旋纹灯罩

### 4.8 提取图形做灯罩边框

**步骤一：提取灯罩上下两端轮廓线**

（1）修改堆栈塌陷为 `可编辑多边形` > `□ ✓` >前视窗中Ctrl+ `⸬` 框选灯罩两端网格线> `编辑边` 卷展栏> `利用所选内容创建图形` >对话框>设置参数> `确定` 。

（2）`⭳` >灯罩边框> `确定` > `✓` `渲染` 卷展栏>设置样条线能渲染的参数（如图2-117所示）。

**步骤二：原地复制灯罩模型用于隐纹材质**

`⭳` >灯罩> `确定` > `编辑(E)` 菜单栏> `克隆(C)` >对话框> `● 实例` >命名为"纱纹"> `确定` 。

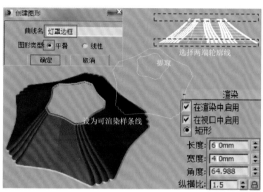

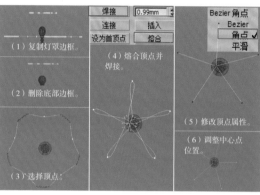

图2-117　制作灯罩边框

图2-118　制作灯罩支架

### 4.9 用熔合顶点与圆角顶点方式制作灯罩支架

**步骤：复制灯罩边框并编辑顶点**

（1）`⭳` >灯罩边框> `确定` >Ctrl+V>对话框>对象组复选"复制"命名为"支架"> `确定` 。

（2）确认"支架"模型激活 `💡` > `⭳` > `✓` `渲染` 卷展栏>去除原设置的两个勾选项> `⸬` 框选底部顶点>Delete键>局部选择顶点> `几何体` 卷展栏> `熔合` >设置其上方焊接阈值0.99 `焊接` >视窗中框选全部顶点> `⸬` 四联菜单>角点>顶视窗中调整好中心点位置（如图2-118所示）。

（3）前视窗> `⸬` 确认中心点激活 `⬤` >Y轴–158 mm> `□ ✓` >框选全部线段> `几何体` 卷展栏> `拆分` 1> `⸬` >框选拆分出的顶点> `⬒` >Y轴–70 mm> `几何体` 卷展栏> `圆角` 8 mm（如图2-119所示）。

（4）修改堆栈返回根级> `渲染` 卷展栏>确认勾选"在渲染中启用"；"在视口中启用"选项> `● 径向` （半径），厚度1.5mm，边（截面）6。

提　示："熔合"命令用于将选择的顶点快捷地堆积在一起。堆积的位置按顶点中多数顶点的原方位衡化计算。

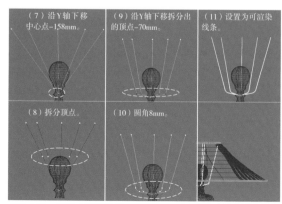

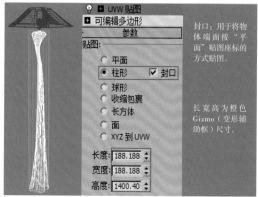

图2-119　编辑支架样条线

图2-120　恢复贴图坐标

### 4.10 用渐变贴图制作香槟银骨瓷材质

步骤一：恢复贴图坐标与制作香槟银骨瓷材质

（1）▦ >视窗中"落地灯"组>菜单栏 组(G) >打开>视窗中灯柱模型>修改器列表 ▾ >UVW 贴图 坐标修改器> 参数 卷展栏>设置参数>修改堆栈塌陷为 可编辑多边形 （如图2-120所示）。

（2）▦ >材质贴图浏览器 - 材质 >▦ 标准 材质>²活动视窗中节点>²参数编辑器>命名为"香槟银骨瓷"并设置基本参数>- 贴图 卷展栏>漫反射颜色项贴图钮>▦ 渐变 >²打开渐变贴图钮设置参数>颜色#2贴图钮>打开光盘配套"恬静"位图并设置坐标选项>▦ （如图2-121所示）。

（3）活动视图>香槟银骨瓷节点>²参数编辑器>- 贴图 卷展栏>反射项贴图钮>▦ 位图 >²打开光盘配套"白绸"位图并设置参数>▦ >活动视图>香槟银骨瓷节点>▦ （如图2-121所示）。

提示：如果视窗中看不到贴图，除添加UVW Map修改器外，还需要在参数编辑器中逐级检查是否打开"显示贴图"钮。

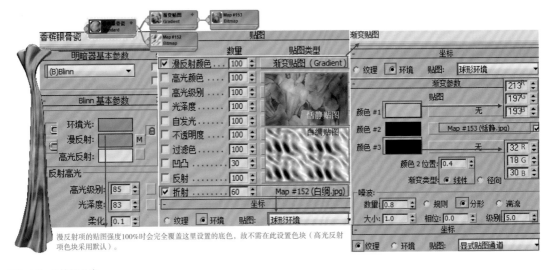

图2-121 香槟银骨瓷

### 4.11 设置灯泡自发光与透明衰减材质

自发光是标准材质，不是实际的光源，其光效不影响场景物体。

步骤：制作发光灯泡与金属灯座材质

（1）▦ >视窗中灯泡>▦ >材质贴图浏览器 - 材质 >▦ 标准 材质>²活动视窗中节点>²参数编辑器>命名为"灯泡"并设置基本参数>▦ （如图2-122所示）。

（2）▦ >视窗中灯座>修改器列表 ▾ >UVW 贴图 坐标修改器> 参数 卷展栏>调整长宽高30 mm，30 mm，38 mm>修改堆栈塌陷为 可编辑多边形 。

（3）▦ >材质贴图浏览器 - 材质 >▦ 标准 材质>²活动视窗中节点>²参数编辑器>命名为"金属灯座"并设置基本参数>- 贴图 卷展栏>反射项贴图钮>▦ 位图 >²打开光盘配套"渐变水"位图并设置参数>▦ >活动视图>金属灯座节点>▦ （如图2-123所示）。

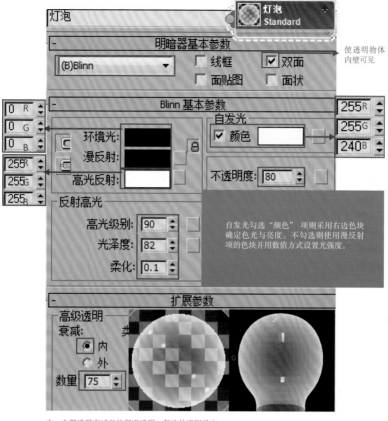

内：内部透明衰减至外部不透明；复选外项则反之。
数量：衰减的速度。

图2-122　自发光灯泡材质

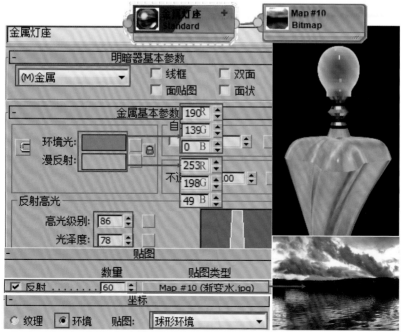

图2-123　金属材质

### 4.12　用衰减贴图制作灯罩材质

步骤：设置灯罩材质

▧> "灯罩" 名> 确定 > ▧ 材质/贴图浏览器 - 材质 > ▨ 标准 材质>² 活动视窗中节点>² 参数编辑器>命名为 "紫罗兰灰灯罩"> 明暗器选择Oren-Nayar-Blinn（纱料）并设置其他参数> 贴图 卷展栏>漫反射颜色项贴图钮> 衰减 >²打开该贴图钮设置参数> ▧（如图2-124所示）。

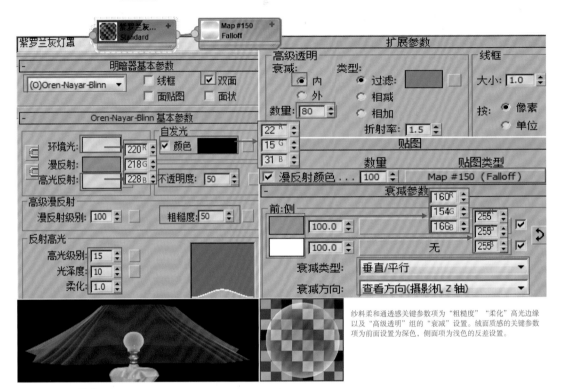

纱料柔和通透感关键参数项为"粗糙度""柔化"高光边缘以及"高级透明"组的"衰减"设置。纹面质感的关键参数项为前面设置为深色，侧面项为浅色的反差设置。

图2-124 灯罩材质

### 4.13　设置隐纹为线框材质以及渲染用安全框

步骤一：制作灯罩隐纹与边框材质

（1）▧> "纱纹" 名> 确定 > ▧ 材质/贴图浏览器 - 材质 > ▨ 标准 材质>² 活动视窗中节点>² 参数编辑器>命名为 "灯罩隐纹" 并设置参数> ▧（如图2-125所示）。

（2）▧>对话框>Ctrl+选择灯罩边框、支架> 确定 > ▧ 材质/贴图浏览器 - 材质 > ▨ 标准 材质>² 活动视窗中节点>² 参数编辑器>命名为 "边框与支架材质">设置参数和贴图> ▧（如图2-126所示）。

步骤二：将灯罩添加到落地灯组并设置渲染与安全框

（1）▧>视窗中灯柱>菜单栏 组(G) >关闭>选择视图中全部灯罩组件>菜单栏 组(G) >附加(A)（粘贴）> ▧>对话框> "落地灯" 名> 附加 。

（2）设置背景色。菜单栏 渲染 >环境(E)...>环境标签>颜色>颜色选择器>RGB：175,172,156> 确定 。

（3）▧（渲染设置）>对话框> 公用 标签>输出大小组 自定义 ▾>关闭 ▧（锁定比例）钮>宽度800 mm，高度1500 mm>透视窗 [透视] 标签> 显示安全框 >▧>配合鼠标中键拖拽落地灯模型置于静帧安全框内> ▧>保存渲染文件和场景文件（如图2-127所示）。

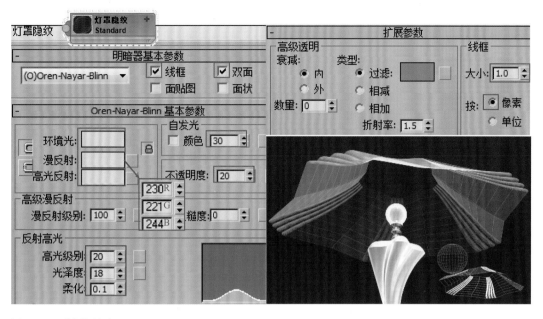

图2-125 "线框"材质

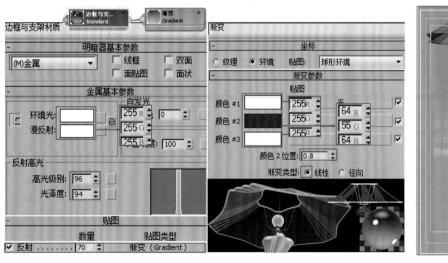

图2-126 边框与支架材质

图2-127 安全框

# 5.制作菱形软包靠背沙发

## 5.1 用壳修改器制作沙发体

"壳"修改器可为单面几何体添加法线相反方向的面，使几何体形成需要的厚度，同时还能对厚度的边缘轮廓进行处理。

步骤一：准备沙发基本形和厚度用样条线

（1） ⚙ ○ >扩展基本体 ▼ >切角长方体 >顶视窗中拖拽出基本形> ✎ >调整参数>修改堆栈塌陷为 可编辑多边形 > ■ >左视窗中框选并删除选择的面> ⦙ >选择顶点> 编辑顶点 卷展栏> 切角 □ >参数盒 >切角量40 mm> ✓ > 25 右 ✓ 顶点 > ✛ >左视窗中分别框选并移动两处顶点>框选全部顶点 焊接 □ >参数盒保持默认参数> ✓ >修改堆栈返回 可编辑多边形 根级（如图2-128所示）。

（2） ⮫ >导入>合并>打开配套光盘"沙发用弧形截面样条线"场景文件。

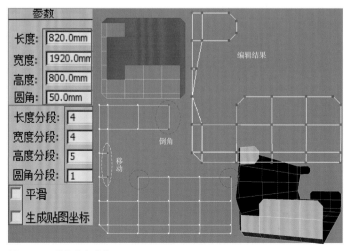

图2-128 沙发基本形体

步骤二：加入"壳"修改器使基本形成型

沙发基本形> 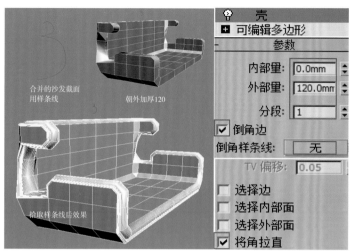 >修改器列表 ▼ > 壳 修改器>设置参数>勾选"倒角边"项>按下 无 钮>视窗中点取"沙发用弧形截面样条线"> 勾选"将角拉直"项> 修改堆栈塌陷为 可编辑多边形 （如图2-129所示）。

图2-129 壳修改器的运用

提　示：截面样条线与"倒角边"项为关联关系，与壳设置的宽度为累计关系。坍塌则关联丢失。

提　示：勾选该项可改善急剧弯转一类拐角的外翻现象。

### 5.2 提取与修改截面线段起点

工作中常需要模型变形后的截面轮廓用于他途。改动样条线的起首点可达到反转截面、矫正面扭曲以及挤压出的几何体表面产生法线反向等问题。这里借此模型来掌握上述方法。

步骤：提取沙发截面轮廓与设为起首点

（1）确认沙发模型激活> ✛ ⟳ > 截面 >左视窗拖拽出定位辅助框>  >截面大小卷展栏下调整能完全框住几何体的辅助框尺寸>创建图形钮>对话框>名称项输入"截面轮廓"> 确定 >视窗中辅助框>Delete键> ⊟ ⟲ > "截面轮廓"名 确定 > ✛ > 移出（如图2-130所示）。

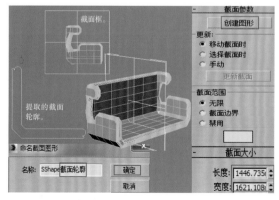

图2-130 提取截面轮廓

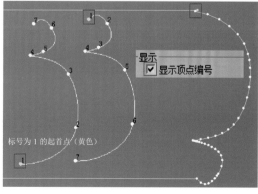

图2-131 设置起首点

（2）左视窗"沙发用弧形截面样条线">✏>•ᵛ> 选择 卷展栏>☑ 显示顶点编号 >视窗中线末端顶点>几何体卷展栏>设为首顶点>观察沙发边缘变化，验证完毕后还原起首点位置（如图2-131所示）。

提示：

用于确定方位的辅助框可多次变动位置和截取物体不同体位的图形。

### 5.3　子级隐藏和制作菱形线段

几何体的子级对象也能隐藏，但必须回到该子级才能解除其隐藏。

步骤：编辑沙发靠背的菱形软包

（1）隐藏未选择的子级多边形。确认沙发模型激活>✏>■> 选择 卷展栏>☑ 忽略背面 >前视窗Ctrl+⊹点选沙发局部面>编辑几何体 卷展栏>隐藏未选定对象>💡。

（2）编辑菱形线段。◢ □>前视窗Ctrl+⊹选全部横线> 连接 □>参数盒>分段1>✓>•ᵛ>选中间四排顶点> 切角 □>参数盒>切角量120mm>✓>选择全部顶点> 焊接 □>参数盒>焊接阈值0.99mm>✓（如图2-132所示）。

（3）复制面片。■>选择全部面>透视窗中Shift+⊹移动复制>对话框>复选"克隆到对象"，命名为"菱形软包装饰扣">确定。

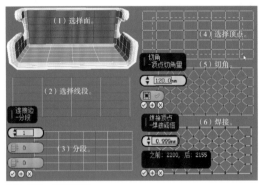

图2-132　编辑网格

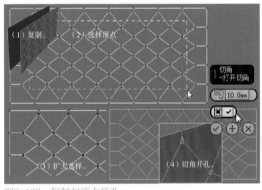

图2-133　复制与顶点开孔

（4）顶点开孔。选择原沙发靠背面>•ᵛ>前视图中框选顶点> 选择 卷展栏> 扩大 （除边缘一圈顶点外其余全选）>编辑顶点 卷展栏> 切角 □>参数盒>切角量10mm>单击 ✓ （打开）为 ✔ 状 >✓（如图2-133所示）。

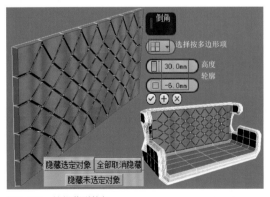

图2-134　编辑菱形软包

（5）■>选择全部面>编辑多边形 >卷展栏> 倒角 □>参数盒>选择"按多边形"项，高度30mm，轮廓-6mm>✓>编辑几何体 卷展栏>全部取消隐藏 （如图2-134所示）。

提示：可避免误选择，原理为自动识别法线反向的面（背面）使其不参入选择。

## 5.4 预置选择集和多维子材质ID号

"选择集"设置位于主工具栏中部，提供方便再次选择同样的内容。选择集在对象之间或物体子级均可设置，子级设置的选择集必须在该子级为当前时才出现已设置的选择集名。如果选择集内的对象做了删除类操作，则该选择集自动失效。

步骤：设置选择集与分配材质ID号（如图2-135所示）。

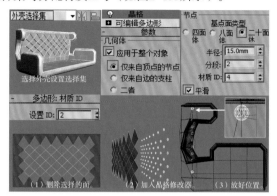

图2-135 选择集、材质ID号与装饰扣

（1）■ >选择沙发外壳任意面，配合收缩；扩大选择钮完成外壳选择>主工具栏选择集窗口内输入"外壳选择集"。

（2）为赋予多维子材质做准备。多边形: 材质ID 卷展栏>设置 ID: 2>修改堆栈返回可编辑多边形 根级。

## 5.5 用晶格修改器制作菱形软包装饰扣

晶格修改器的作用类似"线框"材质。但属于真正的几何体转换，其网格线转化为圆柱结构，网格的顶点转化为多面球体。

步骤：制作软包用饰扣

■ >对话框>"菱形软包装饰扣"名>确定 >💡>■ >前视窗中Ctrl+💠选择面>Delete键>🖊>修改器列表 ▼>晶格 修改器>设置参数>💡>视窗中放好饰扣位置>修改堆栈塌陷为可编辑多边形 （如图2-135所示）。

提示：默认根级材质为ID 1号。

提示：晶格参数项含义："应用于整个对象"，不勾选则仅用于选中的子级对象。"仅来自顶点的节点"指仅将顶点转化为多面球体。"仅来自边的支柱"指仅将网格线转化为支柱。"二者"指二者均转化。"忽略隐藏边"指忽略隐藏的三角边。"末端封口"指形成支柱后封闭两头的端面。

## 5.6 用FFD自由变形修改器编辑靠背与解除关联关系

步骤一：整体调整沙发与饰扣

（1）整体锥化沙发各组件形态。视窗中选择全部沙发组件>菜单栏组(G) >组(G)... >对话框>命名"牛角沙发">确定 >🖊>修改器列表 ▼>FFD 2x2x2 修改器>修改堆栈窗口>■ （打开子级）>控制点>💠>顶视窗中框选沙发组的两个端点>◫ （非等比缩放）>右对话框>偏移:屏幕 组X轴105（如图2-136所示）。

（2）整体调整靠背倾斜度。修改器返回根级>修改器列表 ▼>FFD(长方体)>设置控制点数量>打开控制点>分别在左、顶、前视窗中框选晶格点拖动完成编辑>修改堆栈>右塌陷全部 （如图2-137所示）。

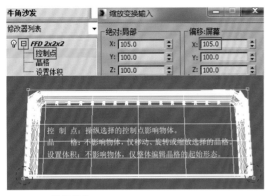

图2-136 整体锥化

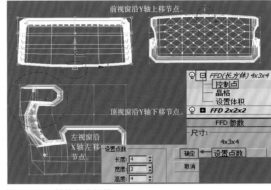

图2-137 整体自由拉伸

步骤二：平滑沙发组和解除饰扣关联关系

（1）修改器列表 ▼ > 网格平滑 修改器>细分量卷展栏>迭代1，平滑度0.998>渲染值组>迭代3，平滑度1>局部控制卷展栏>勾选"等值线（简化）显示">设置卷展栏>选择"三角细分"图标（如图2-138所示）。

（2）菜单栏 组(G) >打开> 图 >对话框>菱形软包装饰扣名称> 确定 > ☑ > ☑（独立）>确认 网格平滑 修改器处于堆栈最上层> 🗑（垃圾桶）> ■ >视窗中全选饰扣模型> 多边形：材质 ID 卷展栏> 设置 ID: 4 （如图2-135所示）> 组(G) >关闭（如图2-138所示）。

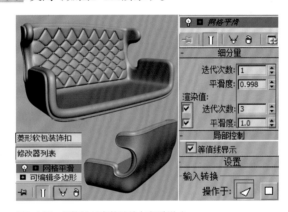

图2-138 低值显示高值渲染与解除独立

提示：结组后再整体调整，在比例缩放等操作中可避免模型之间错位、撕裂等现象。

提示：多个物体共用一个修改器时，堆栈中记录为斜体。如果编辑不理想，可在FFD参数卷展栏下按下"重置"钮还原为初始状态。

提示：如果发现组内模型没有一起动作，可打开组分别检查堆栈中是否已返回根级。

提示：平滑度100%以下时，能智能不等量按平锐程度细分网格。

提示：用低值显示平滑可节省刷新时间，仅在渲染时用高值平滑网格。

提示：勾选该项后不能再用"坍塌"，否则会出现模型撕裂现象。

提示：平滑计算网格转换时，使其不分内外均按三角计算法精确细分。

提示：该图标为实黑显示时表示当前物体与其他物体之间具有"关联关系"。单击该图标解除其关系后图标呈灰色显示。

## 5.7 自动栅格对齐方式制作坐垫

自动栅格用于将新物体创建到单击处的物体表面，能省去一些对齐步骤。

步骤：制作坐垫模型

（1）⚙️○>▼ 扩展基体 ▼>切角长方体 >☑ 自动栅格 >透视窗中在沙发坐垫位置单击拖拽出大致基本形> ✎ > 参数 卷展栏>设置参数修改堆栈塌陷为 可编辑多边形 > 🖱>视窗中全框选> 多边形: 材质 ID 卷展栏 > 设置 ID: 3>修改堆栈中返回根级>顶视窗>Shift+ 拖拽复制两个坐垫并放置好位置（如图2-139所示）。

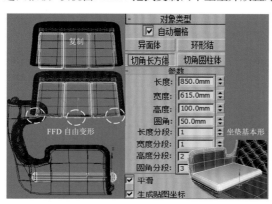

图2-139 坐垫建模

（2）选择全部坐垫>✎>修改器列表 ▼> FFD(长方体) >设置点数2，3，2>堆栈子级打开控制点分别在视窗中框选顶点拖动与沙发匹配>修改堆栈塌陷为 可编辑多边形 （如图2-139所示）。

## 5.8 用倾斜修改器制作沙发脚

步骤：扁锥体沙发脚建模和加入组

（1）⚙️○>扩展基体 ▼>圆锥体>取消其上的"自动栅格"项勾选>顶视窗拖拽出圆锥体，右键结束命令> ✎ > 参数 卷展栏设置参数>确认顶视窗激活>🔲>右对话框>绝对：局部组Y轴70mm。

（2）倾斜扁锥体。左视窗>右✎>修改器列表 ▼> 倾斜 修改器> 参数 卷展栏>设置参数>修改堆栈塌陷为 可编辑多边形 。

（3）Shift+✛复制扁锥体至沙发另一端放好位置>2个扁锥体全选>⬌>放好位置>视窗中再选一个扁锥体> ✎ > 编辑几何体 卷展栏> 附加 >视窗中点取全部扁锥体组成一个脚物体>右（结束命令）> 🖱>视窗中点击脚变红> 多边形: 材质 ID 卷展栏> 设置 ID: 3>修改堆栈返回 可编辑多边形 根级（如图2-140所示）。

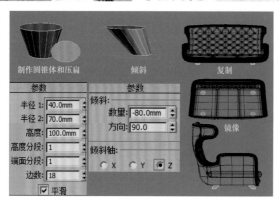

图2-140 沙发脚建模

（4）加入牛角沙发模型组。视窗中Ctrl+✛选择脚和坐垫模型>菜单栏 组(G) > 附加 >点选视窗中牛角沙发模型组。

## 5.9 沙发多维/麂皮、硬塑、铬金属、珍珠子材质

多维/子材质可以在一个示例球上设置高达9 999个子材质，这些子材质均用ID号与对象的ID号对应（1号默认是对象根级材质）。能同时分配给不同对象或在一个对象上局部分配多个子材质。子材质数量可指定，其添加和删除钮可追加或删除子材质。除赋予ID号方式外，也可以直接拖动子材质到场景中释放到对象上或释放在选中的对象子级表面上。

步骤一：多维/子材质基本设置

（1）多维子材质基本设置。 ▣ >材质/贴图浏览器 - 材质 > ▣ 多维/子对象 >²活动视图中节点>²参数编辑器>命名"牛角沙发多维子材质"> 设置数量 >对话框>材质数量4> 确定 >单击ID1号材质钮> ▣ 标准 材质 >²参数编辑器中向下拖拽至ID 2号钮释放>对话框> ⦿ 复制 > 确定 >同样方法复制至ID 3号钮>另指定4号为 ▣ 虫漆 材质。

（2）分别单击4个色样指定不同的颜色>激活视窗中牛角沙发组> ▣ （如图2-141所示）。

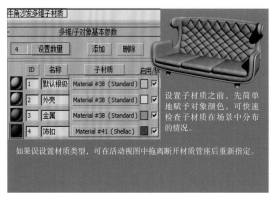

图2-141　多维/子材质基本设置

步骤二：用斑点贴图制作仿麂皮子材质

斑点贴图是程序贴图，通过计算生成斑点图案，常采用漫反射项贴图与凹凸贴图组合设置常用的硅钙板、岩石等毛面效果。其优点为在模型起伏剧烈或转角等位置不发生纹理错位的现象。

（1）1号子材质钮>设置基本参数> - 贴图 卷展栏>漫反射颜色项设置 衰减 贴图。

（2）活动视图仿麂皮材质节点>²参数编辑器中设置凹凸项为 斑点 贴图>²活动视图返回牛角沙发多维子材质节点>²（如图2-142所示）。

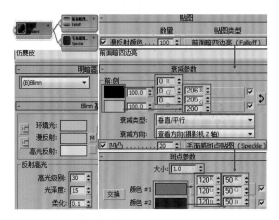

图2-142　ID 1号仿麂皮材质

步骤三：用泼溅贴图制作沙发硬塑外壳和吸取材质制作铬金属脚

（1）2号子材质钮>设置基本参数> 贴图 卷展栏>漫反射颜色项> 泼溅 贴图>²泼溅贴图钮>设置参数>活动视图>牛角沙发多维子材质节点>²（如图2-143所示）。

（2） >导入>合并>打开光盘 "餐桌吸盘"场景文件> 打开(O) >对话框>"吸盘"名> 确定 > >视窗中点取吸盘金属管>活动视图出现的金属管材质>²参数编辑器> （锁定）关联>仅修改漫反射色样（如图2-143所示）。

（3）活动视图>牛角沙发多维子材质节点3号管座>拖拽去除测试用材质的管座连接>Delete键删除测试用材质节点>将金属管材质节点的输出管座与多维/子材质节点3号管座拖拽连接（如图2-144所示）。

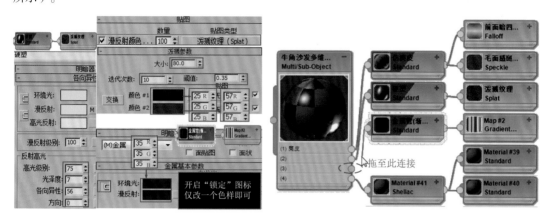

图2-143 硬塑与铬金属材质　　　　　　　　图2-144 连接管座

步骤四：用虫漆制作珍珠饰扣材质

"虫漆"是一种高档木器漆，其工艺为用油或水性色打底，上罩虫胶漆或透明树脂漆，效果晶莹温润。程序按此工艺流程模拟其效果，也可灵活他用。

（1）活动视图>虫漆材质节点>²参数编辑器>"基础材质"项按钮>设置珍珠底层材质参数（如图2-145所示）。

（2）活动视图>虫漆材质节点>²参数编辑器>"虫漆"材质"项按钮>设置珍珠表层材质参>数透视窗>右 >保存渲染和场景文件（如图2-146所示）。

提示：泼溅贴图主要参数"大小"项为设置泼溅纹理大小（默认40）。"迭代次数"指分形计算次数，值高纹理清晰但计算时间长（默认4）。1、2号色指底色与泼溅纹理的颜色。"阈值"项用于确定颜色1、2号色样的混合程度，值0时只显示1号色；值1时只显示2号色（默认0.2）。交换钮用于快键1、2号色互换。

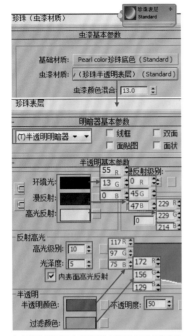

图2-146 珍珠表层材质

半透明明暗器可使穿过透明体内部的灯光产生散射效果（散焦）。

内表面高光反射项用于在明暗器基本参数卷展栏下勾选了"双面"项后的透明物体，渲染时使物体内壁可见的面也产生高光。非透明体此项无效。

半透明颜色项与过滤颜色项设置不相同时，对象暗部的颜色是2者光谱的乘积。

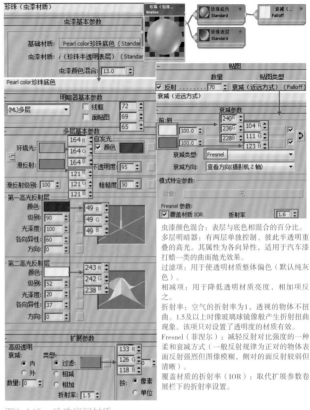

图2-145 珍珠底层材质

虫漆颜色混合：表层与底色相混合的百分比。

多层明暗器：有两层单独控制、彼此半透明重叠的高光。其属性为各向异性，适用于汽车漆打蜡一类的曲面抛光效果。

过滤项：用于使透明材质整体偏色（默认纯灰色）。

相减项：用于降低透明材质亮度，相加项反之。

折射率：空气的折射率为1，透视的物体不扭曲。1.5及以上时像玻璃球镜像般产生折射扭曲现象。该项只对设置了透明度的材质有效。

Fresnel（菲涅尔）：减轻反射对比强度的一种柔和衰减方式（一般反射规律为正对的物体表面反射强烈但图像模糊，侧对的面反射较弱但清晰）。

覆盖材质的折射率（IOR）：取代扩展参数卷展栏下的折射率设置。

# 6.MassFX动力学方式制作靠垫与披巾

MassFX（模块程序）是Autodesk公司自Max 2012版起替代Reactor（反应堆）动力学的控件系统。其主要操作内容仍为用于动画的对象坠落运动变形，因其制作柔软类模型操作简便易行而为环境艺术专业选用。

## 6.1 制作靠垫与棋盘格贴图绒布材质

步骤一：用mCloth（布料模块）修改器制作靠垫

（1）⚙○>标准基本体 >长方体 >顶视窗拖拽创建长方体并设置参数>主工具栏空白区域>[右下]拉列

表>MassFX 工具栏 >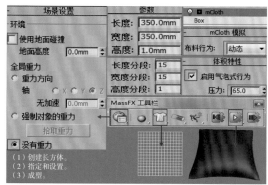（将选定对象置为mCloth对象）>✎>设置参数。

（2）MassFX 工具栏 ><icon>（工具）>设置参数>透视窗口>右>MassFX 工具栏 > ▶️ （开始/停止模拟）>再次按下该图标结束模拟（其左侧为重置，右侧为缓进一帧图标）>视窗中靠垫>右四联菜单> 转换为 > 可编辑多边形 （如图2-147所示）。

图2-147 动力学制作靠垫

图2-148 挤边和平滑

（3）✎>◢>前视窗选择线段> 选择 卷展栏> 环形 >Ctrl+■>快速转换选择> 编辑多边形 卷展栏> 挤出 □>设置参数盒> 修改器列表 ▾> 网格平滑 修改器>细分量卷展栏>迭代次数2（如图2-148所示）。

步骤二：制作绒布材质

（1）设置毛绒质感。<icon>> 材质/贴图浏览器 - 材质 >⚫标准 材质>²活动视图中节点>²参数编辑器>命名为"绒布材质"并设置基本参数>- 贴图 卷展栏>漫反射颜色项贴图钮> 衰减 贴图>²衰减贴图钮>"前面"贴图钮>■棋盘格 >² 坐标 卷展栏>设置参数。

（2）制作简易绒布皱纹。活动视图中绒布材质节点>²参数编辑器>- 贴图 卷展栏>凹凸项贴图钮>■位图 >²打开光盘配套"皮革皱纹贴图1"图，参数默认（如图2-149所示）。

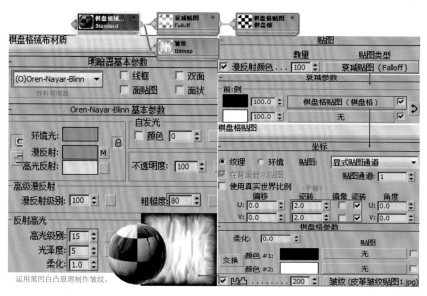

图2-149 棋盘格绒布材质

（3）恢复贴图坐标并赋予材质。视图中确认靠垫模型激活>✎> 修改器列表 ▾> UVW 贴图 修改器，参数默认><icon>><icon>>透视窗>右<icon>。

## 6.2　制作披巾与绸缎材质

**步骤一：导入沙发和准备布料基本形**

（1）▶▶>导入>合并>配套光盘 "菱形软包靠背沙发.max" 场景文件>✛>前视窗中将沙发放置到粗黑十字线位置（绝对坐标XYZ轴均为0）>菜单栏 组(G) > 解组(U) >牛角沙发>修改堆栈中点选 可编辑多边形 层级> 编辑几何体 卷展栏> 附加 >除饰扣外，Ctrl+选择全部坐垫和脚"附加"为一个对象>修改堆栈中点选"网格平滑"层级返回最上层。

（2）❋ ◯>标准基本体 ▾| > 平面 顶视窗中拖拽创建平面并设置参数> 修改器列表 ▾|>FFD（长方体）修改器>FFD参数卷展栏> 设置点数 2×8×2>修改堆栈 ▣>控制点>前视窗中框选点预制好折皱位子>⬚>顶视窗中框选点沿X轴收缩间距>将披巾基本形置于沙发上端一段距离>修改堆栈塌陷为 可编辑多边形 （如图2-150所示）。

**步骤二：将披巾模型指定为"布料对象"与设置锚定点**

（1）确认披巾基本形激活>主工具栏空白区域>右下拉列表>MassFX 工具栏 > 🔺（mCloth修改器）>🔳>设置mCloth修改器参数（如图2-151所示）。

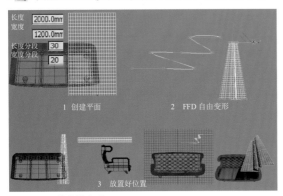

图2-150　披巾基本形

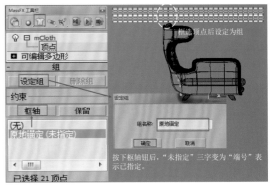

图2-151　锚定不参入变形的顶点

（2）修改堆栈 ▣>顶点>左视窗中框选顶点>修改命令面板关闭"软选择"卷展栏"以露出"组"卷展栏> 设定组 >对话框>命名为"原地锚定"> 确定 >"组"卷展栏>修改堆栈返回mCloth根级。（如图2-152所示）

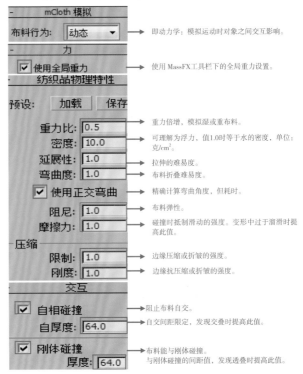

图2-152　布料参数设置

步骤三：指定沙发为碰撞用"刚体对象"和生成物理网格。

（1）视窗中沙发>**MassFX 工具栏** >按住⚫（刚体）钮弹出按钮列表>⚫（将选定项设置为静态刚体）>✎>修改堆栈>将出现的MassFX Rigid Body（刚体修改器）拖至网格平滑修改器之下>在刚体属性卷展栏下选择类型为"静态"（如图2-153所示）。

（2）设置MassFX Rigid Body（刚体）各项参数>"生成"钮>完成相对模型简单些的物理网格外壳计算。（如图2-154所示）。

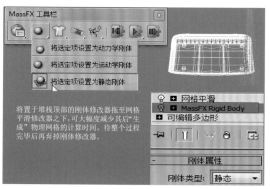

图2-153 指定沙发为碰撞用刚体

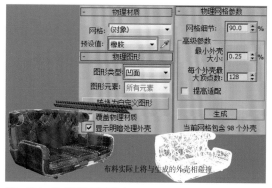

图2-154 生成刚体凹面外壳

步骤四：全局下坠变形模拟设置与变形模拟

（1）第一次下坠变形。**MassFX 工具栏** >🏠（世界）>设置参数>▶下坠变形，满意时再次按下该钮。

（2）解除锚定第二次下坠变形。视窗中选择披巾模型>✎>捕捉状态卷展栏> **捕捉初始状态** >修改堆栈>**·**>顶点>组卷展栏>组列表窗口点选"原地锚定"名>组卷展栏>**删除组**>修改堆栈返回mCloth根级>▶>满意时再次按下该钮>修改堆栈塌陷为**可编辑多边形** （如图2-155所示）。

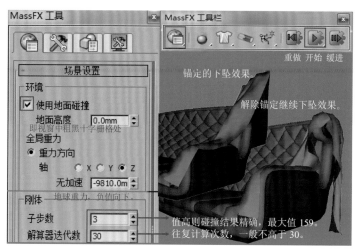

图2-155 动力学下坠模拟

步骤五：去除刚体修改器与加厚并平滑披巾

（1）视窗中选择沙发模型>修改堆栈中点选MassFX Rigid Body名>🗑。

（2）视窗中选择披巾模型>**修改器列表** ▼>▶ 壳 修改器>**参数** 卷展栏>内/外部量均0.5>修改堆栈塌陷为**可编辑多边形** >**修改器列表** ▼>▶ 涡轮平滑 修改器>迭代次数2 >勾选等值线简化显示。

提示：MassFX目前不支持"组"。

步骤六：用复制方式制作绸缎材质

（1）复制珍珠材质。 ▣>- **场景材质** 卷展栏>▣**牛角沙发多维子材质**>右复制到>临时库>- **临时库** 卷展栏下▣**牛角沙发多维子材质**>²活动视图>拖拽断开牛角沙发4号饰扣子材质节点连接管座>饰扣子材质节点>²参数编辑器>重命名为"绸缎">视窗中选择披巾模型> ▣ 。

（2）修改材质。活动视图> "绸缎材质"的原珍珠底色节点>²重命名为"绸缎底纹">- **贴图** 卷展栏>去掉原反射项贴图的勾选>漫反射颜色项贴图钮>▇ 位图 >²打开光盘配套白钩纱帘01图>参数保持默认>活动视图中原虫漆材质节点>²参数编辑器中修改参数>透视窗>右 （如图2-156所示）。

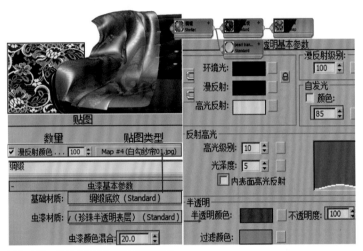

图2-156　修改原饰扣材质为绸缎材质

# 第三章 / Loft放样建模专题

Loft放样一词源至造船业术语。制造船体时，船厂先做好船体的主龙骨，然后再沿主龙骨制作出一连串船壳用的截面框和加固用的副龙骨，最后在截面框表层蒙皮而构成曲面船体。Max程序借用这种放样的方法，以绘制的样条线作为路径，然后拾取一个或多个不同截面线框沿路径生成曲面体。

## 学习要点

掌握基本放样和学习高级放样变形建模方法。在实际工作中常会遇到一些复杂的曲面模型，放样变形的建模方法能方便快捷地解决而且效果很好。

# 1.制作欧式桌腿与旋纹镜框

## 1.1 提取图形与Loft截面缩放

步骤：导入图形制作欧式桌腿

（1）提取Loft放样物体的图形。 >导入>合并>打开光盘"欧式茶几腿"Loft场景文件> >视窗中茶几腿模型> >修改堆栈>日Loft子级>分别选择"图形"与"路径"子级>输出钮>对话框>设置并命名> >Ctrl+选择提取的2个图形> 确定 >视窗中将其移出茶几腿模型外（如图3-1所示）。

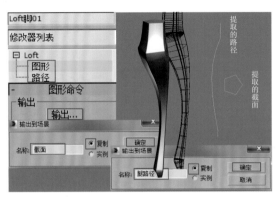

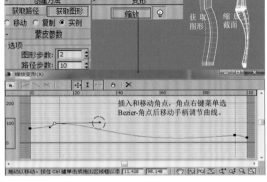

图3-1 提取截面与路径                    图3-2 放样与缩放截面

（2）沿路径放样。提取的路径样条线> > >复合对象 ▼> 放样 > 创建方法 卷展栏>确认复选"实例"项> 获取图形 钮>视窗中点取提取的截面> 蒙皮参数 卷展栏>设置图形步数与路径步数。

提示：编辑截面图形时能同步影响放样物体，塌陷放样物体则丢弃其关系。

提示：主要选项含义。封口始/末端面项：用于非封闭的路径时将放样物体的前后2个端面封闭。轮廓项：路径弯曲处的各截面均以正切方式对齐路径。倾斜项：路径弯曲处的各截面不随路径朝向正切，截面始终保持平行状态。恒定截面项：截面在路径转角处自动收缩或拉伸以匹配放样物体宽度。线性插值项：勾选则步数之间用平滑过渡生成放样，否则直线性放样。四边形边项：以四方形方式形成面。蒙皮项：在非激活视窗中显示放样物体蒙皮，否则仅显示放样物体的路径和截面。

提示：图形步数用于在横截面图形上增减顶点数（默认5），值大截面曲度平滑；同理，用于直线类截面时可减少此值。路径步数指长度方向的分段数，每个分段上自动生成一个横截面，这些横截面可以缩放或置换。其下"优化图形"项用于自动增减截面上的顶点数。"自适应路径步数"项用于将设定的步数自动分配在路径上生成最佳蒙皮，默认勾选。

（3）截面缩放。 > 变形 卷展栏> 缩放 >浮动编辑框> （插入角点）>红色线段上单击2次插入2个顶点>浮动编辑框 >移动顶点>顶点> 右Bezier-角点>移动手柄调节曲线度> > 修改器列表 ▼> UVW 贴图 >修改堆栈塌陷为 可编辑多边形 （如图3-2所示）。

## 1.2 截面旋转与旋纹变形方式制作镜框

步骤一：制作镜框

（1）准备图形。:+: ✿ ❖ > 矩形 >顶视窗中绘制长宽为600、800用于路径的矩形>Shift+:+:拖拽复制用于截面的矩形> ✎ >修改长宽参数为50、30>修改堆栈塌陷为 可编辑样条线 > •ᐟ. >顶视窗下移顶点>几何体 卷展栏> 插入 >顶视窗中单击线段插入顶点，右键结束插入>顶点右键菜单选择Bezier角点调整其手柄>修改堆栈返回 可编辑样条线 根级> 放样 > 创建方法 卷展栏> 获取路径 钮>视窗中点取矩形路径>参数默认（如图3-3所示）。

（2）反转截面朝向。视窗中选择镜框> ✎ >修改堆栈 ⊟ Loft子级>图形> ⟳ >前视窗中框选全部镜框搜到Loft起始截面> ⟳ 右对话框> 偏移:局部 Z轴90>回车（如图3-4所示）。

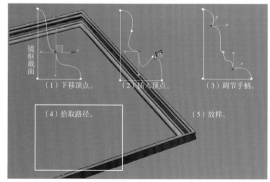

图3-3 编辑截面和放样

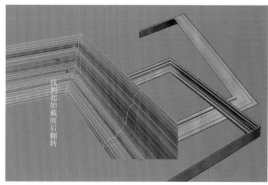

图3-4 反转放样截面

步骤二：制作螺旋纹内框与画布

（1）🔲>【矩形】>【25cm】>【右】对话框>【☑顶点】>顶视窗捕捉到镜框内边后绘制矩形内框路径，关闭捕捉，再绘制一个内框长宽均为10的截面用矩形>放样完成内框>【🖉】>【蒙皮参数】卷展栏>图形步数5，路径步数50，勾选自适应路径步数项>【变形】卷展栏>【扭曲】>浮动编辑窗口>【✱】连续点击曲线插入12个顶点并移动好角点位置（如图3-5所示）。

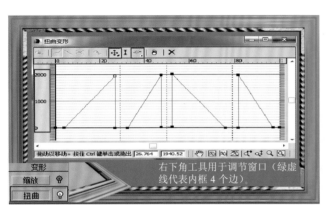

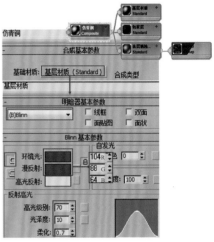

图3-5　内框旋纹

图3-6　仿青铜—基础材质

（2）绘制的内框路径>【🖉】>微调长宽参数>视窗中观察相关联的内框匹配情况>修改堆栈塌陷路径直接为【可编辑多边形】用于画布并在视窗中放置好位置。

### 1.3　仿青铜镜框合成材质

合成材质最多可将 10 种材质合成。其"基础材质"处于最底层、材质1号至9号依次叠加其上，他们之间采用A（相加不透明度）、S（相减不透明度）与相互混合的M（数量）来合成材质。

步骤一：制作仿青铜画框材质

（1）制作基层材质。【🎱】>【材质/贴图浏览器 - 材质 - 标准】>【■合成】>[2]活动视窗>合成材质节点>[2]参数编辑器>命名为"仿青铜">【合成基本参数】卷展栏>基础材质钮>【■标准】材质>【确定】打开其材质钮设置基本参数>活动视窗>合成材质节点>[2]返回【合成基本参数】卷展栏（如图3-6所示）。

（2）制作包浆层。材质1号钮>设置基本参数>（如图3-7所示）。

（3）制作表层蚀斑。材质2号钮>设置基本参数>【-贴图】卷展栏>不透明度贴图钮>【■位图】>[2]打开光盘配套"青铜"贴图，参数默认。拖拽不透明度贴图钮至凹凸项贴图钮释放>复制关系为"实例"并设置贴图强度-20>活动视窗>合成材质节点>[2]视窗中选择内外镜框模型>【修改器列表 ▼】>【UVW 贴图】>【🔗】（如图3-8所示）。

提示：A（Additive Opacity，增加透明度）：如果材质本身设为透明材质，则用于强化物体暗部的透明度（类似于摄影的曝光补偿）。为非透明材质时，则用于添加材质的透明度（强度0至100），强度达到100~200时为增强当前材质自身的色彩对比度。

S（Subuactive Opacity，减少透明度）：含义与"增加透明度"类似，多用于想保持透明物体的透明值，仅减少物体暗部透明度时使用。为非透明材质时，则用色光相减方式改变材质的颜色。

M（Mix，混合）：该材质参入混合的量。

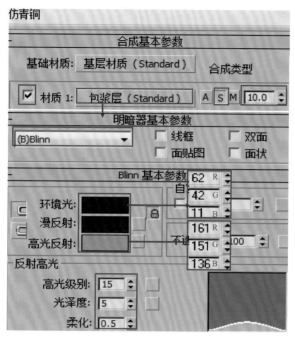

图3-7 仿青铜——合成材质1

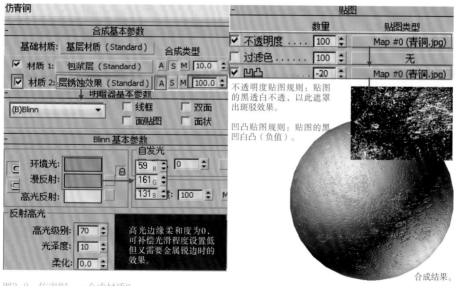

不透明度贴图规则：贴图的黑透白不透，以此遮罩出斑驳效果。

凹凸贴图规则：贴图的黑凹白凸（负值）。

合成结果。

图3-8 仿青铜——合成材质2

## 1.4 画布双面材质与调整位图色调

双面材质能向模型的前面和背面（法线反向的面）指定两个不同的材质。

步骤：制作镜框内画面

（1）指定双面材质。 ▓>材质/贴图浏览器 - 材质 - 标准 > ●双面 >[2]视窗中激活画布模型>修改器列表 ▼>UVW 贴图 >▓。

（2）设置正面材质。▓>活动视窗>双面材质节点>[2]参数编辑器>命名为"画布">正面材质钮>命名为"水粉静物">设置基本参数>- 贴图 卷展栏>漫反射颜色项贴图钮>打开光盘配套图"矫正色彩用范画">输出卷展栏>调整位图色调（如图3-9所示）。

（3）设置背面材质。活动视窗中背面材质节点>[2]参数编辑器>命名为"背板">设置基本参数>- 贴图 卷展栏>漫反射颜色项贴图钮>打开光盘配套图"亚麻纹"> 坐标 卷展栏>设置平铺参数（如图3-10所示）。

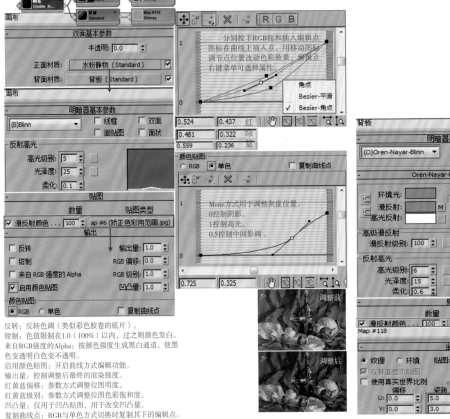

反转：反转色调（类似彩色胶卷的底片）。
钳制：色值限制在1.0（100%）以内，过之颜色发白。
来自RGB强度的Alpha：按颜色强度生成黑白通道，使黑色变透明白色变不透明。
启用颜色贴图：开启曲线方式编辑功能。
输出量：控制调整后最终的渲染强度。
红黄蓝偏移：参数方式调整位图明度。
红黄蓝级别：参数方式调整位图色彩饱和度。
凹凸量：仅用于凹凸贴图，用于改变凹凸量。
复制曲线点：RGB与单色方式切换时复制其下的编辑点。

图3-9 正面材质与调整位图色调

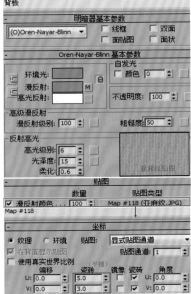

图3-10 背板材质

# 2.制作窗帘与罗马柯林斯柱

## 2.1 多截面放样窗帘和烟雾贴图材质

**步骤一：键盘输入方式绘制窗帘路径与3个截面**

（1）绘制路径。顶视窗> ⚙ ◎ > 样条线 ▼ > 线 > 键盘输入 卷展栏>轴X为0、Y为2 800、Z为0> 添加点 >轴XYZ均为0> 添加点 > 完成 > ⊞ 。

（2）绘制截面。轴XYZ均为0> 添加点 >X 2 000> 添加点 > 完成 > ✐ > ✐ > ✣ >视窗中拾取线段> 几何体 卷展栏> 拆分 20> ∴ >Ctrl+ ✣ 选择顶点并移动>框选全部顶点> ┠四联菜单>平滑>修改堆栈返回样条线根级>顶视窗中Shift+ ✣ 移动复制出2根样条线>修改为不规则曲线（如图3-11所示）。

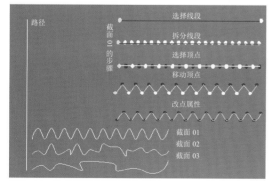

图3-11　准备窗帘放样路径和截面

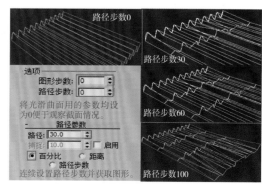

图3-12　多截面放样设置

步骤二：多截面放样与对齐

（1）Loft放样。视窗中选择路径> 放样 > 获取图形 >视窗中拾取截面01> [图标] > 蒙皮参数 卷展栏> 设置"图形步数"和路径步数值均为0便于观察截面分布情况。

（2）按路径百分比放置另2个截面。 [图标] > 路径参数 卷展栏>复选百分比项>路径30> 创建方法 卷展栏 获取图形 >视窗中点选截面02>路径60> 获取图形 >点选截面03>路径100> 获取图形 >点选截面03（如图3—12所示）。

（3）光滑窗帘与编辑窗帘形态。 蒙皮参数 卷展栏>图形步数5，路径步数15，勾选"翻转法线"其他勾选项默认> 变形 卷展栏> 缩放 >确认 [图标] 打开>浮动编辑框> [图标] （添加顶点）>插入1个顶点>浮动编辑框 [图标] >分别右键顶点修改属性并调整手柄与位置（如图3-13所示）。

（4）窗帘左对齐。修改堆栈"图形"子级> [图标] >视窗中框选全部截面> 图形命令 卷展栏> 左 >修改堆栈塌陷为 可编辑多边形 > 修改器列表 ▼ > UVW 贴图 修改器（如图3-14所示）。

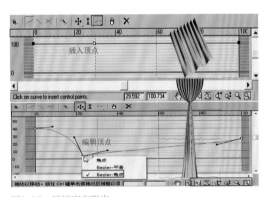

图3-13 编辑窗帘形态

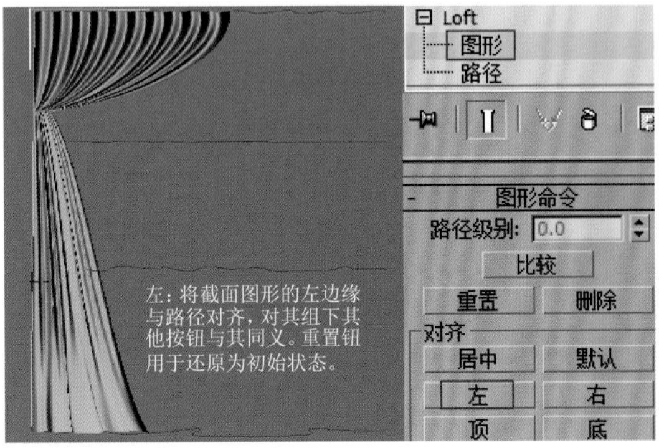

图3-14 侧开窗帘

左：将截面图形的左边缘与路径对齐，对其组下其他按钮与其同义。重置钮用于还原为初始状态。

步骤三：制作烟雾贴图窗帘材质

（1） [图标] > 材质/贴图浏览器 - 材质 > [图标] 标准 材质>[2]活动视窗中节点>[2]参数编辑器>命名为"仿扎染纱帘">设置基本参数> 扩展参数 卷展栏>设置参数>- 贴图 卷展栏>漫反射颜色项钮> [图标] 烟雾 贴图>[2]打开该贴图钮设置参数>确认视窗中窗帘模型激活> [图标] （如图3-15所示）。

（2）设置安全框渲染。 [图标] > 公用 标签> 自定义 ▼ >宽度500，高度1 500>透视窗>透视标签> 显示安全框 按照显示的安全框在透视窗中放置好窗帘模型> [图标] （如图3-15所示）。

提示：烟雾贴图是基于分形的湍流无序图案的程序贴图，多用于创建云彩和水波。其参数含义如下。大小：雾团大小。默认值40。迭代次数：分形计算次数。值大雾层细腻计算时间长。默认值5。相位：雾团湍流抖动的距离（用于动画）。指数：控制2号色强度。值越大颜色强度越弱，默认值1.5。1号颜色：无烟雾处的颜色。2号颜色：烟雾部分的颜色。

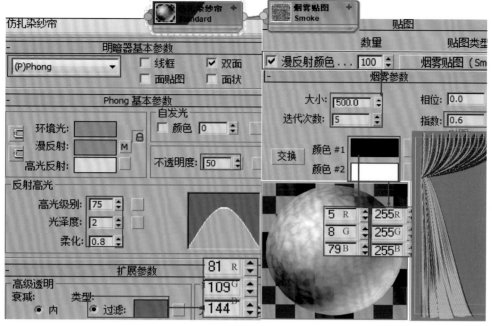

图3-15 窗帘材质

### 2.2 柯林斯柱放样和导入Studio格式柱头

Loft用多截面放样时常因各截面起始点不尽相同而发生意外扭曲，如果出现这种现象，可用Loft的图形"比较"对话框对齐这些截面起始点。

Studio文件在目前Max各版本中通用。该格式采用"导出"或"导出选择的"方式将当前场景或模型保存。导出的模型将丢失所有设置和贴图并自动坍塌为网格物体。导出前需解散"组"并将其附加为一个物体，否则导出的模型会支离破碎。

步骤一：制作柱身与柱基

（1）多截面放样。打开光盘"科斯林柱放样用样条线"场景文件>前视窗> ❖ >科斯林柱路径> `放样` > `蒙皮参数` 卷展栏>设置参数> `路径参数` 卷展栏> 0> `获取图形` >矩形> `路径参数` 卷展栏>10 `获取图形` >圆形>同样方法完成后续截面的放样（如图3-16所示）。

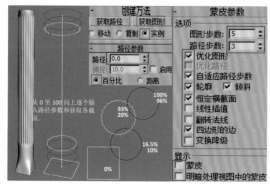

图3-16 科斯林柱多截面放样

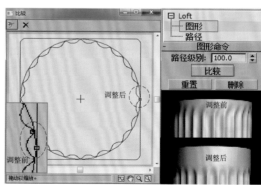

图3-17 调整多截面放样扭曲

（2）扭曲处理。 🖉 > 蒙皮参数 卷展栏>勾选"蒙皮"，"明暗处理视窗中的蒙皮"2项恢复正常显示>🖥️修改堆栈"图形"子级>"图形命令"卷展栏> 比较 >对话框> 🖑（拾取图形）>前视窗中拾取放样体所有截面>观察到93%位置的凹槽截面起始点未对齐>确认前视窗激活> 🔄 > 🔵 拖拽Z轴参数微调钮，对话框中观察截面起始点移动情况>同样方式分别旋转其他截面起始点使其尽可能对齐到一个位置或方向（如图3-17所示）。

（3）编辑基座。修改堆栈返回Loft根级> 变形 卷展栏> 缩放 >浮动编辑框>编辑顶点（如图3-18所示）。

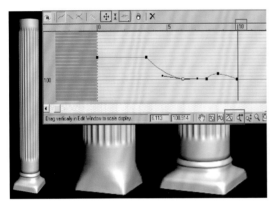

图3-18　编辑基座

图3-19　导入Studio模型

步骤二：导入Studio格式柱头。

🔁 >导入>打开光盘 "罗马柯林斯花头" Studio网格文件>设置对话框> ⊹ 🔲 🔳 ²·⁵ >调整并放置好位置> 🖉 > UVW 贴图 > 参数 卷展栏> ● 长方体 （如图3-19所示）。

### 2.3　用切角修改器制作文字

步骤：制作环绕柱身的文字

（1） ⚙️ 🔲 > 样条线 ▾ > 文本 > 参数 卷展栏>文本窗内输入文字和设置参数>前视窗单击拖拽出字体> 🖉 >修改器列表 ▾ > 倒角 修改器>设置参数（如图3-20所示）。

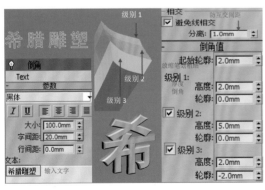

图3-20　制作文字

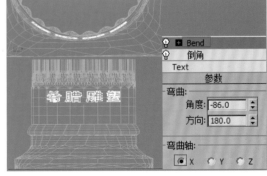

图3-21　弯曲文字模型

（2） 🖉 >修改器列表 ▾ > 弯曲 修改器>设置参数和放置好位置>修改堆栈塌陷为 可编辑多边形 （如图3-21所示）。

提示：视窗中拾取图形时，光标变成"+"号时表示找到截面，"—"号表示已经拾取，图形命令卷展栏下的"路径级别"项用于调整图形在路径上的位置，"重置"钮可将当前激活的截面还原为旋转前的状态，"删除"钮用于删除选择的截面。对话框内"X"图标用于清除编辑框内不再需要编辑的截面。

提示：部分参数含义："变形"指封口时曲面自适应变形。"线性侧面"指侧面为直线型。"曲线侧面"指侧面为弧形，复选该项后其下分段值开始生效，值高曲面光滑。级间平滑项用于确定弧形侧面级别间的过渡是否光滑。反之则为平面倒角。

### 2.4 设置大理石材质和用灰泥贴图制作风化石材质

步骤一：设置柱头柱基为啡网纹大理石材质

（1） >材质/贴图浏览器 - 材质 > 标准 材质>[2]活动视图中节点>[2]参数编辑器>命名为"啡网纹大理石"并设置基本参数>- 贴图 卷展栏>漫反射颜色项贴图钮> 位图 >[2]打开光盘配套 "啡网纹大理石"贴图>参数默认- 贴图 卷展栏>反射项贴图钮> 光线跟踪 >[2]设置参数>视窗中选择柱头模型>活动视图中节点>[2] 。

（2）视窗中选择柱身模型> > >视窗中框选柱基>修改器列表 ▼>UVW 贴图 参数 卷展栏>复选"长方体">[2]（如图3-22所示）。

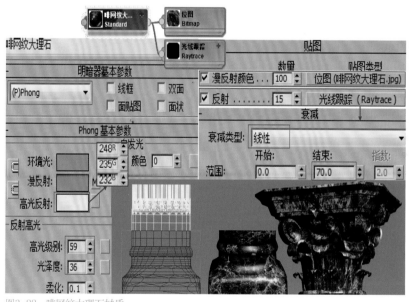

图3-22　啡网纹大理石材质

步骤二：设置仿风化石材质

>材质/贴图浏览器 - 材质 > 标准 材质>[2]活动视图中节点>[2]参数编辑器>命名为"仿风化石"并设置基本参数>- 贴图 卷展栏>凹凸项贴图钮> 灰泥 程序贴图>[2]设置参数> 视窗中选择柱身模型> > 修改堆栈"多边形"子级> >视窗中自动记忆上一次已选局部柱基>菜单栏 编辑(E) 反选(I) >[2]（如图3-23所示）。

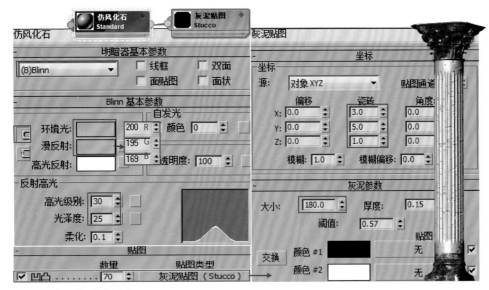

图3-23 仿风化石柱身材质

提示：灰泥贴图常用于凹凸项，主要参数"大小"用于调整斑块大小，默认值20。"厚度"项用于模糊其下颜色1号（底色）和2号（斑块色）两色的边界，0值边界清晰；值高模糊，默认值0.15。"阈值"项用于确定2色的混合量，0值只显示2号色；值为1时只显示1号色，默认值0.57。

### 2.5　Strauss（类金属）明暗器与"伪"雕塑

"类金属"明暗器用于透明金属镀膜类效果。该明暗器的主要参数为"金属度"的设置，该项用于设置近似金属程度的百分比。在扩展参数栏下有用于透明体的"折射过滤项"以及在贴图卷展栏下有"折射过滤器"贴图项，以便在设置了"不透明度"后更好地模拟镀膜特殊的模糊折射效果。

步骤：制作香槟有机片材质和希腊雕塑

（1） 💠>材质贴图浏览器 - 材质 >🔳标准 材质>² 活动视图中节点>² 参数编辑器>命名为"槟有机片"并设置参数>- 贴图 卷展栏>不透明项贴图钮>🔳位图>² 打开光盘配套 "白绸"贴图>确认视窗中文字模型激活>🔲 （如图3-24所示）。

（2） 💠○ 标准基本体 ▾| >| 平面 >前视窗拖拽创建长宽2 500、1 100，分段均为4的平面>💠○> 透视窗中正对前方放置在柱头上（确保正对避免平面无厚度而露馅）。

（3） 💠>材质贴图浏览器 - 材质 >🔳标准 材质>² 活动视图中节点>² 参数编辑器>命名为"雕塑贴图"并设置基本参数>- 贴图 卷展栏>漫反射颜色项贴图钮>🔳位图>² 打开光盘配套"阿波罗抢海神女儿"贴图>活动视图中节点>² 参数编辑器>- 贴图 卷展栏>不透明项贴图钮>🔳位图>² 打开光盘配套"阿波罗抢海神女儿黑白"贴图>确认视窗中平面物体激活>🔲 （如图3-25所示）。

（4） 💠 公用 标签>输出大小>自定义 ▾| >宽、高度为600和1 500>透视窗标签下拉菜单>√ 显示安全框 >💠🖐调整好透视图>⟳。

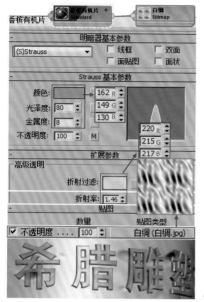

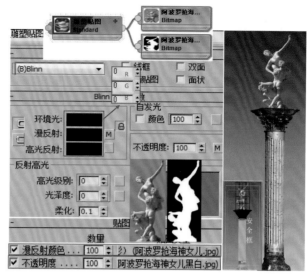

色彩与高光参数均设为零，避免物体受到任何灯光影响而露馅。自发光100用于使贴图发亮。透明贴图采用"黑透白不透"的原理遮罩不需要的贴图部分。

图3-24 香槟有机片材质 　　图3-25 "伪"雕塑贴图

# 第四章 / 建筑类建模与摄影机

　　建筑类建模分室内外二大类别，一般室内建筑建模多指室内空间的分割以及楼梯与门窗的创建。室内空间常用建模方法主要有Poly方式单面墙体建模和CAD文件导入方式建模，前者的主要优点为能节省文件量，各组件之间衔接紧密，重叠面少，有利于防漏光。后者则精确快捷，但需要防重叠面和法线反向等问题。楼梯与门窗的常用类型在Max程序中已经集成有程序性模块，制作快捷方便。

　　摄影机用于创建摄影机视图。一个场景中可以放置多个不同角度的摄影机和渲染多张不同角度的效果图。摄影机视图的角度和视野不受透视图变换的影响相对独立。透视图也可以渲染出立体效果，但它更大的用途在于经常变换角度和大小用于建模和观察。因此，常用透视图建模，摄影机视图用于渲染。当透视窗效果理想时可在菜单栏"视图"菜单下直接选择"从视图创建摄影机"。

## 学习要点

　　掌握常用楼梯与门窗的建模方法；掌握室内建筑常用建模方法以及发现重叠面和法线反向等问题的解决方法；掌握在室外建立摄影机然后将视野切入室内的方法。

# 1.楼梯建模

3ds Max带有L形楼梯、U形楼梯、螺旋楼梯、直线楼梯四种程式化楼梯。它们的创建方式与参数基本相同，使用多维子材质默认ID号自动分配给楼梯各部件。

## 1.1 制作螺旋楼梯与线型和面型栏杆

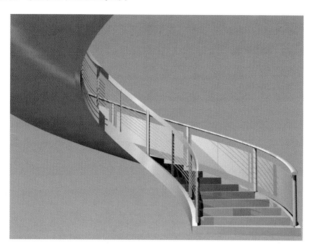

步骤一：螺旋楼梯建模

（1）设置系统单位与视窗比例。菜单栏 自定义 >单位设置>系统单位设置>1单位（栅格）=100毫米>确定 >显示单位比例> ● 公制 >毫米>确定 。

（2）基本形建模。 ※ ○ >楼梯 ▼ > 螺旋楼梯 >顶视窗>右单击并向右下方拖拽出大致半径，拖拽时左右移动鼠标确定梯口方位>松开左键向上推动出大致高度>右键结束命令。

（3）设置楼梯基本形态。 ☑ > 参数 卷展栏>复选"封闭式"和总体设置（如图4-1所示）。

（4）楼梯细节参数设置（如图4-2所示）。

图4-1　楼梯基本形态

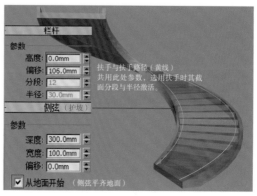

图4-2　楼梯护坡与扶手路径设置

步骤二：预置多维子材质分配

[图标] >材质/贴图浏览器 - 材质 - 标准 > 多维/子对象 材质>[2]活动视图中节点>[2]参数编辑器>命名为"楼梯材质分配">设置数量和各色块>视窗中确认螺旋楼梯激活>[图标]>观察透视窗中色块自动分配情况，为以后在"子材质"项下设置具体材质作准备（如图4-3所示）。

步骤三：线型和面型栏杆建模

（1）[图标]> AEC 扩展 ▼ （建筑扩展）栏杆 > 拾取栏杆路径 >[图标]对话框>螺旋楼梯.LeftRail （左栏杆路径）> 拾取 >设置参数（如图4-4所示）。

（2）Shift+[图标]移动线型栏杆复制并更名为"面型栏杆">[图标]>重新设置下围栏和"栅栏"卷展栏下参数，其他参数保留（如图4-5所示）。

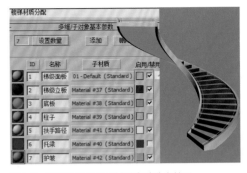

图4-3 楼梯默认多维子材质自动分布情况

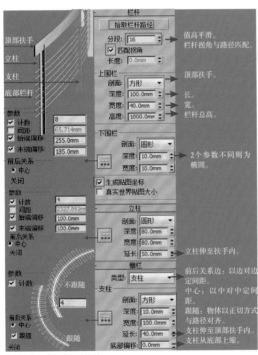

图4-4 线型栏杆参数

图4-5 面型栏杆

图4-6 栏杆默认多维子材质自动分布情况

步骤四：栏杆材质

栏杆材质的设置与楼梯一样，也使用多维子材质默认ID号自动分配给栏杆各部件（如图4-6所示）。

## 1.2 用间隔工具做自定义栏杆

步骤：制作欧式栏杆

（1）合并场景文件。顶视窗>[图标]>导入>合并>将光盘"欧式楼梯立柱与扶手截面"模型文件合并入当前楼梯场景。

（2）沿楼梯路径复制欧式楼梯立柱。视窗中欧式立柱> 工具(T) >对齐> 间隔工具(I) >对话框> 拾取路径 >[图标]螺旋楼梯.RightRail （右栏杆路径）> 拾取 >对话框设置参数> 应用 （如图4-7所示）。

（3）立柱垂直对齐。▦▾>选择复制的全部立柱>▭>▦▾>**螺旋楼梯.RightRail** > **拾取** >对话框>设置对齐项> **确定** （如图4-8所示）。

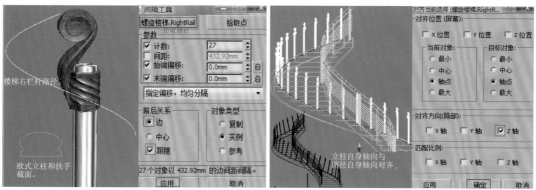

图4-7　设置沿路径复制参数　　　　　　　　　图4-8　对齐螺旋歪斜的立柱群

（4）扶手放样。▦▾>对话框内再次选择 **螺旋楼梯.RightRail** > ✦ ○ >**复合对象** ▾ > **放样** > **获取图形** 钮>视窗中点取扶手截面图形> **蒙皮参数** 卷展栏>勾选"轮廓"项，取消"倾斜"项的勾选>✛ ⊗ >**Z:** | 1000mm | ⇕ >视窗中微调扶手位置（如图4-9、图4-10所示）。

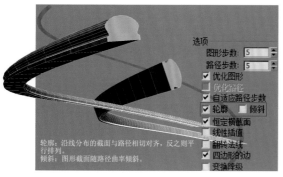

图4-9　Loft扶手放样　　　　　　　　　　　　图4-10　上移并微调扶手位置

提示：对齐方向（局部）组以当前对象与目标对象在自身坐标轴向上调整成一致方向的方式对齐，该组选项与其上方对齐组无关。

## 2.房体建模

### 2.1　Poly方式单体墙建模与背面消隐

步骤一：制作房体基本形

（1）使用世界坐标方式定位墙体基本形。✛ >顶视窗中创建一个 **长方体** > ⊡ （绝对模式变换输入）设置参数> ▱ >**修改器列表** ▾ > **法线** 修改器>设置选项>修改堆栈塌陷为 **可编辑多边形** >视图中长方体>右级联菜单>对象属性>显示属性组>背面消隐> **确定** 。

（2）▣ >用于天花板的长方体顶面> **编辑几何体** 卷展栏> **隐藏选定对象** （如图4-11所示）。

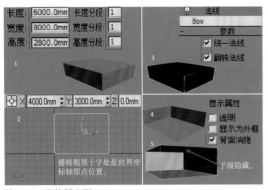

图4-11 房体基本形

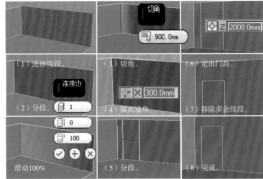

图4-12 精确制作门线段

步骤二：Poly方式制作门基本形

（1）添加门纵向线段。▨◿>Ctrl+✛>选择线段>`编辑边`卷展栏>`连接` □ >参数盒>分段1，滑块100>◐> `切角` □ >参数盒>数量900>◐。

（2）定位门纵向线段。▧>X轴300。

（3）添加和定位门横向线段。`连接` □ >参数盒>分段1，滑块0>◐>⊞>Z轴2000。

（4）移除多余门线段。Ctrl+✛选择多余线段>`编辑边`卷展栏>`移除`（如图4-12所示）。

步骤三：Poly方式制作门窗

（1）Ctrl+选择门线段>`编辑边`卷展栏>`切角` □ >参数盒>数量60>◐>■>Ctrl+✛>选择门套>`编辑多边形`卷展栏>`挤出` □ >参数盒>高度20>◐>选择门>`挤出` □ >参数盒>高度-180>◐>修改堆栈返回`可编辑多边形`根级（如图4-13所示）。

（2）添加窗纵向与横向线段，步骤同门基本形。■>选择窗`编辑多边形`卷展栏>`插入`□>参数盒>数量60>◐>分别挤出窗和窗套>`编辑几何体`卷展栏>`全部取消隐藏`修改堆栈返回`可编辑多边形`根级（如图4-14所示）。

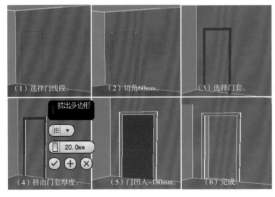

图4-13 Poly方式制作门

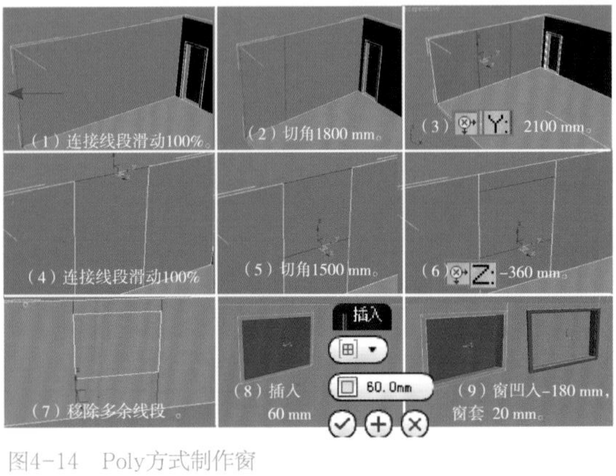

图4-14 Poly方式制作窗

提示：采用绝对坐标则按世界坐标原点方式计算方位。

## 2.2 CAD文件导入方式建模与用扫描修改器制作踢脚线

CAD程序完成平面图准确快捷，将其文件导入到Max程序中直接挤出墙体是最常用的方法。发现CAD文件有问题时，可在编辑多边形卷展栏下修正或将其冻结后打开捕捉重描。

步骤一：CAD文件导入建模与修正错误

（1）▶>导入>文件类型⊡ AutoCAD 图形（*.DWG,*.DXF）>打开光盘CAD文件"有问题的平面图"＞>对话框>设置选项> 确定 >⊹ ⊞>Layer 0（图层0）> 修改器列表 ▾ >挤出 修改器> 参数 卷展栏>数量3 000，分段1> ⊞>材质贴图浏览器 - 材质 >标准 材质>[2]⊞ⓒ（如图4-15所示）。

（2）⊞>可编辑样条线 层级>✎>找到重叠的线段>Delete删除键>[2.5 mm]>右捕捉设置>☑ 顶点 >∴>⊕>找到未能连接的顶点以及交叉错位的顶点使其叠置后框选这些顶点> 几何体 卷展栏> 焊接 >返回堆栈 挤出 修改器层级>（如图4-16所示）。

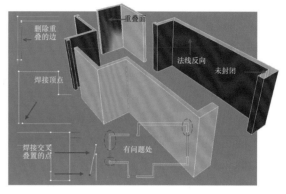

图4-15 导入文件与挤出墙体

图4-16 CAD文件导入的常见错误

提示：焊接附近顶点：按阈值焊接同层线段的重合顶点。自动平滑相邻面：按平滑角度值将小或等于转角值的相邻面指定为平滑组，用于组之间产生硬边效果。将相邻面的法线定向一致：按CAD绘制线段时的秩序翻转错误的法线方向。封闭闭合样条线：将CAD里用矩形之类命令绘制的封闭图形自动转换为平面。

提示：Max高版本中用CAD文件挤出模型后可能会全黑不能正确渲染，赋予最基本的材质可恢复正常。

步骤二：制作门窗墙段与地面天花板

（1）⊞>分别选择"Layer门"图层、"Layer窗"图层，挤出和放置好位置（如图4-17所示）。

（2）⊞>Layer地面>挤出-100作为地面>Shift+⊹移动复制地面，作为天花板>天花板>右级联菜单>隐藏选定对象（如图4-18所示）。

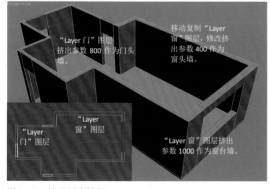

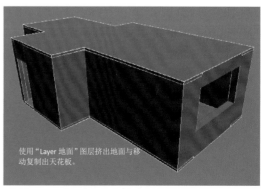

图4-17 挤出门窗墙段

图4-18 完成的墙体模型

步骤三：制作踢脚线

（1）提取墙体轮廓线和编辑线段。视窗中墙体>`右`级联菜单>克隆>对话框>`● 复制`>名称：踢脚线>`确定`>`✐`>修改堆栈>`挤出` 修改器>`☐`>`♀`>`✎`>删除多余线段>`几何体` 卷展栏>`创建线`>顶视窗中使用2.5捕捉分别点取窗台的两个顶点完成线段连接>`右`退出创建线命令>`∴`>框选全部顶点>`焊接`>`选择` 卷展栏>勾选"显示顶点编号>视窗中第10号顶点>`几何体` 卷展栏>`设为首顶点`>修改堆栈返回`可编辑样条线` 根级（如图4-19所示）。

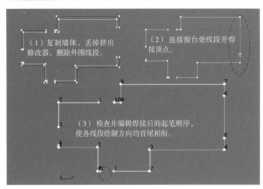

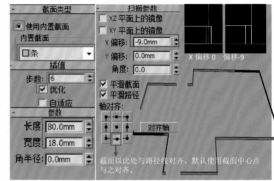

图4-19 编辑踢脚用线段            图4-20 踢脚线参数

（2）制作踢脚线。`修改器列表 ▼`>`扫描` 修改器>设置参数（如图4-20所示）。

提 示：扫描修改器功能类似Loft放样，不同处为路径样条线可以断开；内置各种常用截面在其下拉列表内一目了然。也可以在其下"使用自定义截面"，路径为弧线时可加大"步数"值使曲面平滑。截面图形可沿X、Y轴偏移或镜像。如果想调整截面与路径对齐的位置，可以简单地用九个"轴对齐"图标之一形象的对齐。也可按下"对齐轴"钮，再使用移动工具在视窗中将截面与路径轴位置手工对齐。

# 3. 门窗建模

### 3.1 制作平推门与滑拉窗

步骤一：双开平推门建模

（1）设置观察对象模式。透视窗标签>`右`四元菜单>`√` `边面` `√` `明暗处理` 显示>Ctrl+`✛`选择视窗中全部墙体>Alt+X（透明显示）>`♀`。

（2）`⚙ ◯`>`门 ▼`>`枢轴门`（平推门）>`³命`>`右`捕捉设置>`☑` `顶点`>透视窗中完成平推门基本形建模>`✐`>修改各项参数（如图4-21、图4-22所示）。

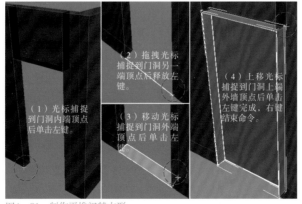

图4-21 制作平推门基本形

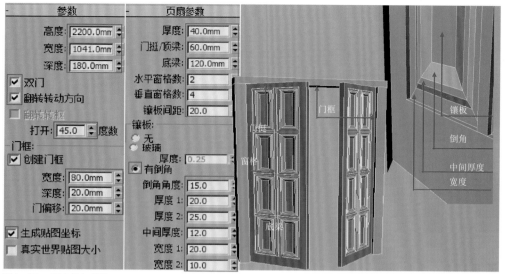

图4－22　门参数与结构

步骤二：滑拉窗建模与调入本章节自建材质库

（1）　＞窗　▼＞　推拉窗　（滑拉窗）＞步骤与制作平推门基本形相同（如图4-23所示）。

图4-23　滑拉窗建模　　　　　　　　　　　图4-24　调用自建材质库

（2）激活窗体＞　＞▼＞打开材质库…＞打开光盘文件　自用房体建模材质库　-自用房体建模材质库.mat　卷展栏＞测试用色块分布＞²活动视图中节点＞²　＞观察窗体默认5个多维子材质分布情况（门材质与其相同）（如图4-24所示）。

（3）　＞全部取消隐藏＞　在该材质库中按名称选择并分别赋予场景中其他模型＞-自用房体建模材质库.mat　卷展栏＞右关闭材质库　。

提示：该项包括的推拉门、折叠门制作方法和参数基本相同。

提示：该项的遮篷式窗、平开窗、固定窗、旋开窗、伸出式窗的制作方法与参数基本相同。

提示：打开地板材质的光线跟踪贴图，可发现背景项改置为黑色不反射背景，避免地板反射树木的全部背景贴图而露出破绽。打开窗玻璃子材质，可发现"高光等级"已设为0，避免今后打光渲染时在玻璃上反射出灯光的光团。

### 3.2 用视窗背景方式制作窗外景观

步骤：制作视窗背景

（1）调入和编辑背景贴图。菜单栏 渲染 ＞环境(E)... ＞设置参数并打开光盘配套 "树木背景贴图" ＞ 确定 ＞ ＞拖拽环境 Map树木背景 (背景 树木.jpg) 贴图钮至材质编辑器活动视图中释放＞对话框＞ ● 实例 ＞ 确定 ＞活动视图该贴图节点＞² 参数编辑器设置参数（如图4-25所示）。

（2）在视窗中显示背景。透视窗＞ ＞配置视口... ＞对话框＞背景标签＞ ● 使用环境背景 ＞ 确定 。

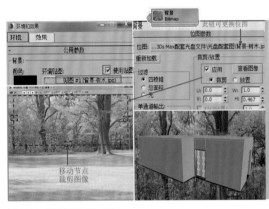

图4-25 设置透视窗口背景

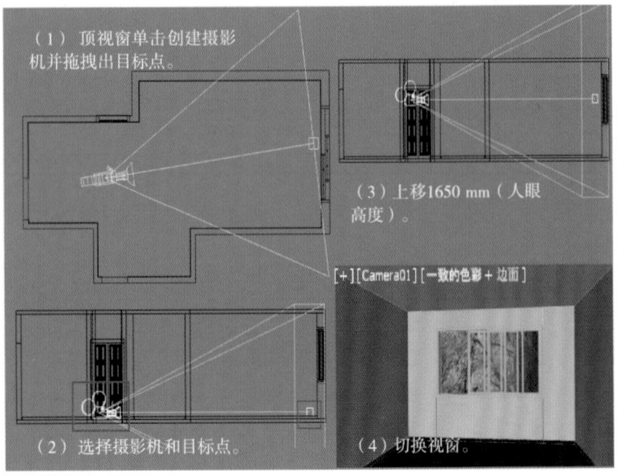

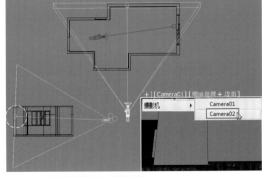

图4-26 创建目标摄影机

# 4.建立目标摄影机

3dsMax程序有目标摄影机和自由摄影机两种，目标摄影机的目标点是固定住的，容易定向和查看目标范围内的区域。自由摄影机无目标点，其摄影类似运行中的汽车前灯，一般用于动画。

### 4.1 视野设置与远/近距离剪切

由于视野的范围需求而希望将摄影机放置到室外一定距离来拍摄室内时，摄影机的"手动剪切"项可以使视野穿透墙壁达到这种要求。

步骤一：建立室内目标摄影机和切换视窗

（1） ＞ 目标 ＞顶视窗室内位置单击拖拽出摄影机＞ ＞选择Camera 01，Camera 01.Target（摄影机，摄影机目标点）＞ 确定 ＞前视窗＞ ＞Y轴1 650＞回车＞透视窗标签＞摄影机 ▼ ＞Camera 01（如图4-26所示）。

（2）顶视窗中选择Camera 01＞ ＞调整视野参数（如图4-27所示）。

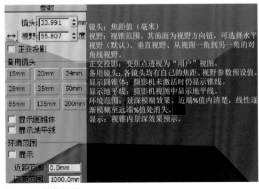

图4-27 调整视野

镜头：焦距值（毫米）
视野：视锥范围。其前面为视野方向钮，可选择水平视野（默认）、垂直视野、从视图一角到另一角的对角线视野。
正交投影：变焦点透视为"用户"视图。
备用镜头：各镜头均有自己的焦距、视野参数预设值。
显示圆锥体：摄影机未激活时仍显示锥线。
显示地平线：摄影机视图中显示地平线。
环境范围：景深模糊效果。近端%值内清楚，线性逐渐模糊至远端%值处消失。
显示：视锥内景深效果预示。

图4-28 复制摄影机与调整视角

步骤二：在室外建立穿透室内的摄影机视图

（1）创建室外目标摄影机。顶视窗中Shift+ ✛ 移动Camera 01复制出Camera 02>左视窗中沿Y轴下移Camera 02><sup>右</sup>四元菜单> 选择摄影机目标 >沿Y轴上移目标点>摄影机视窗标签>摄影机 ▾ >Camera 02（如图4-28所示）。

（2）手动剪切使镜头切入室内。顶视窗Camera 02> ✐ > 参数 卷展栏>☑ 手动剪切 >分别推动"近距剪切"项与"远距剪切"项参数微调钮，观察镜头切入室内的效果> 参数 展栏下微调"视野"参数使视锥适合>Camera 02视窗> ➤ 、🖑 、✛ >非参数方式调整摄影机视窗（如图4-29所示）。

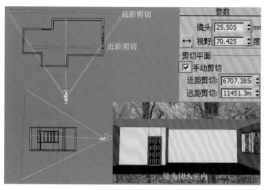

图4-29 摄影机视野剪切

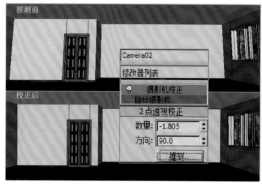

图4-30 摄影机校正

## 4.2 摄影机校正

摄影机校正用于调整大角度视野时垂直线产生的歪斜现象。

步骤：矫正摄影机视窗内墙壁歪斜

（1）视窗中Camera 02><sup>右</sup>四元菜单>应用摄影机校正修改器> ✐ >钮> 推测.. >观察透视校正后的夹角"数量"和垂直"方向"值，然后按个人喜好手工微调这两个值（如图4-30所示）。

（2）选择全部摄影机><sup>右</sup>四元菜单>隐藏选定对象。

# 第五章 / 标准灯光

标光（以下简称标光）是3ds Max非物理照明灯光，标光只有直接照明，真实世界中的间接光效仍用这些灯手工放置在不同角度模拟，其中模拟环境光时也可另使用天光灯或简单的覆盖性设置。标光之间因交叠影响因素单纯、渲染速度很快利于反复检测影调层次反差等成因而作为基础学习的首选，进而理解如何用光影和角度变化突出被摄体的情调品位与质感氛围，乃至低调掩盖客观缺陷表达创作意图，使其更具艺术魅力。

## 学习要点
常用的几种标光参数项基本相同，重点是灯光的强度设置，难点是灯光的衰减设置，这二者是用好标光的核心，把握住它们后可在其他灯光参数项的共同作用下产生具有生气的光氛围。

# 1.灯光形态与核心通用参数

环境艺术专业布光塑造空间常用目标聚光灯、目标平行光、泛光灯三种灯光模拟自然光、人造光，二者兼有的混合光。同时标光因其单纯渲染速度快而常在其他渲染器中混搭使用，参入时光强以倍增值1=1 500 cd（烛光）方式换算（如图5-1所示）。

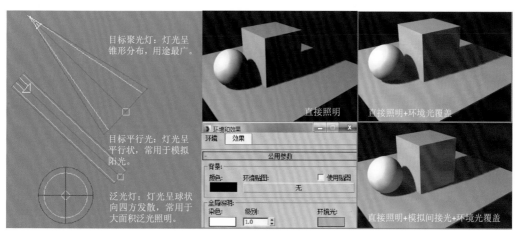

图5-1　三种常用标光形态与基本用法

## 1.1　灯光强度与光线衰减

步骤一：以聚光灯为例——理解光锥与横向衰减

（1）准备。顶视窗中分别创建长宽高均为1 000 mm的长方体01。长宽均为3 880 mm，高-30 mm的长方体02。半径372 mm的球体>前视窗中Shift+✛移动长方体01复制出长方体02>⚙ ◻ >标准 ▼ >目标聚光灯>顶视窗中单击拖拽出灯光Spot 01>右结束创建>✛>将几何体与灯放置好位置（如图5-2所示）。

（2）设置灯光照明范围与横向衰减。Spot 01>⚿>设置参数（如图5-3所示）。

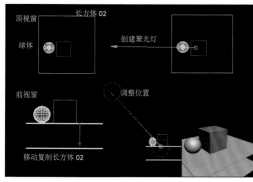

图5-2　准备模型与目标聚光灯

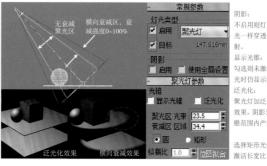

图5-3　灯光穿透与横向设置光锥

提示：场景设置灯光后程序自动关闭照亮视窗用的内建灯光。视窗中可直接选择灯光或目标点，选择困难时可在灯光或目标点的右键菜单中互选。

提示：横向衰减锥线离聚光区锥线越远则光锥边缘越柔和，反之则清晰。

步骤二：以可见光为例——理解纵向远／近距离衰减

（1）设置体积光。视窗中Spot 01>菜单栏 渲染(R) >环境(E)... > 大气 卷展栏> 添加... >对话框>体积光> 确定 >确认 ☑ 活动 （激活）> 拾取灯光 >视窗中拾取Spot 01>确认拾取钮右侧列表出现灯光名>设置体积光参数（如图5-4所示）。

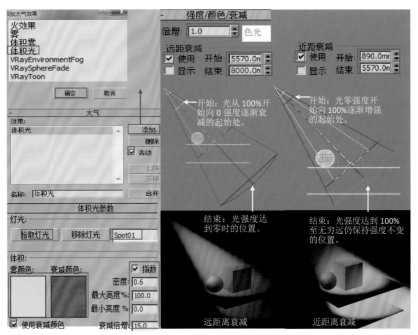

图5-4 体积光与远/近距离衰减

（2）设置灯光远距离衰减。Spot 01> ✐ > 强度/颜色/衰减 卷展栏>灯光强度倍增值1，默认色光为白色>远距离衰减组> ☑ 使用 >设置参数>透视窗> <sup>右</sup>🔄（如图5-4所示）。

（3）设置灯光近距离衰减。远距离衰减组下去掉勾选>近距离衰减组> ☑ 使用 >设置参数>透视窗> <sup>右</sup>🔄（如图5-4所示）。

提示：体积光指数：设置灯光衰减后按光线的距离匀速递减雾密度，需在体积光照内较清晰显现透明物体时勾选此项。密度用于调整雾浓度。最大／小亮度用于体积光最强/弱处的亮度，其中最小亮度值大于零时等于加入一盏同色光的泛光灯，使体积光以外的空间也受到光影响。衰减倍增指衰减递增的速度（设置近/远距离衰减项后生效）。其上的移除灯光钮用于去掉附加在灯上的体积光，原灯光仍保留。

提示：注意褐色框代表光线衰减为零。如果此框位置在物体处则因无光反而照射不到物体。通常设置在超过被照射物体约光锥全长三分之一的位置。

## 1.2　光影特效

步骤：制作舞厅用光柱效果

（1）常规灯光阴影。Spot 01> ⌇ > 常规参数 卷展栏>阴影组> ☑ 启用 >阴影贴图 ▼ |>透视窗> 右 ⟳ （如图5-5所示）。

（2）制作图案阴影。 阴影参数 卷展栏>设置参数并打开光盘配套"树荫"贴图> 确定 >透视窗> 右 ⟳ （如图5-5所示）。

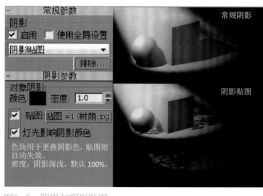

图5-5　阴影与阴影贴图

图5-6　对光柱贴图

（3）选择性照射物体。 常规参数 卷展栏>阴影组> 排除… >对话框>场景对象列表>长方体03> ≫ （发送）> 确定 >透视窗> 右 ⟳ 。

（4）对光柱贴图。 高级效果 卷展栏>勾选贴图项，拖拽阴影的贴图钮至"投影贴图"钮释放复制>透视窗> 右 ⟳ （如图5-6所示）。

提示：设置体积光后如果赋予阴影位图，即使不勾选启用阴影项也自动丢失光线不穿透物体的功能。

提示：如果误操作，则再次打开对话框选择被排除的对象，按下返回钮即可。

## 1.3　彩玻与透明阴影

步骤：制作彩花玻璃和透明阴影

（1）长方体01> ⌇ >修改宽度12 mm使其变薄> ⊞ > ▼ 材质贴图浏览器 - 材质 > ◢ 标准 材质>[2]简易设置为玻璃材质> ⊗ >Spot 01> ⌇ >保留启用阴影项，去掉阴影贴图和投影贴图项的勾选> 大气和效果 卷展栏下删除体积光>重新放置模型位置（如图5-7所示）。

（2）设置玻璃彩色图案。 ⊞ >玻璃材质参数编辑器> - 贴图 卷展栏>漫反射颜色项打开光盘配套"彩玻"贴图> 确定 > ◨◫ >将该贴图钮拖拽至"过滤色"贴图钮释放，复制关系为"实例"（如图5-8所示）。

（3）设置透明阴影。Spot 01> ⌇ >确认启用阴影项,阴影类型下拉列表中选择"光线跟踪阴影">透视窗> 右 ⟳ （如图5-8所示）。

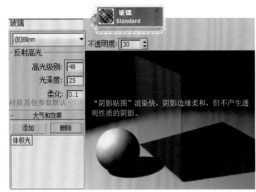

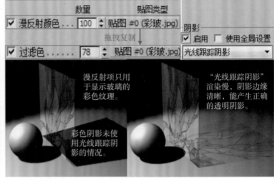

图5-7 透明材质和清除体积光　　　　　　　　　　　　图5-8 彩色玻璃与透明阴影

## 2.室内照明实例——画痴轩客厅

场景标光的基本打光流程：

（1）环境灯：提供整体环境泛光。采用打灯或渲染菜单下的全局环境光覆盖设置。

（2）主灯：模拟阳光、户外散射光、主要灯具，用于照亮主场景产生阴影。

（3）局域灯：局部营造氛围的灯光。

（4）辅助灯：平衡主灯光照，冲淡阴影和使用负值吸光。

（5）背光灯：从背景中凸显物体，多用于逆光、夜景。要求不超过正面光强度。

（6）指定曝光方式：多用于整体调整场景亮度与对比度。

场景打光总体规律是灯向前则强光范围变小，对象明暗反差增大，影调层次趋于单纯。灯后移则反差趋于平和，影调层次较丰富。灯远离则反差小趋于平淡。

步骤：准备场景布光工作环境

（1）场景中只允许对灯光操作和隐藏摄影机。打开光盘"画痴轩客厅（彩模）"场景文件>主工具栏选择过滤器下拉列表 全部 ▼ >L灯光 ▼ > 📺 > 按类别隐藏 卷展栏>☑ 摄影机 。

（2）仅在选择对话框中列出灯光。 🖑 >对话框中工具栏> 📄 >关闭其余全部图标。

（3）指定渲染尺寸与固定渲染窗口。确认透视窗口为Camera01> 📷 >渲染设置> 公用 标签>输出大小组> 自定义 ▼ >宽度1 084，高度600像素> 🔒 （锁定比例）> 指定渲染器 卷展栏>确认当前选择为"默认扫描线渲染器>查看：四元菜单 4-Camera01 ▼ > 🔒 （锁定渲染视图）。

## 2.1 用目标聚光灯制作环境光

目标聚光灯属于定向照明，省内存，产生的高光区和线条强烈轮廓鲜明，影调深暗偏硬，其衰减设置能营造动人的戏剧性效果，适用于强调体积感和局域性，装饰性照明。

环境光是大气折射的"天光"，地面散射的"地光"， 物象间映射的"反光"总和。其比重与变化因天时地貌、物象心象而定。在场景设计中以能辅助突出主体为基本要求，主要用于辅助性全场照明，兼带影响整体色调，用光宜均匀漫射；强度偏弱不宜强。

步骤：手工打光模拟全局环境光

（1）模拟天光。 ✥ ◈ ◿ >标准 ▼ > 目标聚光灯 >前视窗自上而下建立一盏名为"A-环境覆盖（天）"的目标聚光灯照亮地面> 🔧 >设置方位 ◿ >设置灯光参数> 🔆 （如图5-9、图5-10所示）。

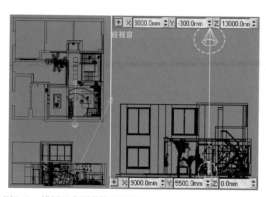

图5-9 模拟天光覆盖性照射地面

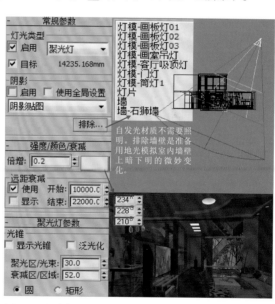

图5-10 灯光模拟参数

（2）模拟地面环境光。Shift+ ✥ 复制该目标聚光灯>更名为"A-环境覆盖（地）"同样方式设置方位和灯光参数> 🔆 （如图5-11 、图5-12所示）。

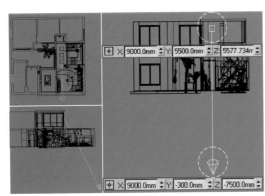

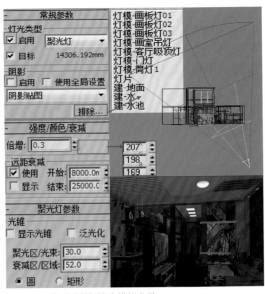

图5-11　模拟环境光覆盖性照射顶面　　　　　图5-12　地面反弹间接光模拟参数

### 2.2　用泛光灯制作主灯

泛光灯的光线由中心向四面八方发散，属于散射类型的照明，其明暗效果较柔和，是室内主照明灯的常用首选。因光线四面发散而计算量较大，因此在需要产生透明阴影而使用"光线跟踪阴影"类型时，注意要设置"衰减"以约束计算范围。常态下则选择"阴影贴图"类型的阴影，既加快渲染速度，又能发挥泛光灯阴影需要柔和的特点。除此之外，还要注意灯光与物体不要过于逼近或呈90°直射，以避免出现耀眼光斑。

步骤：客厅吸顶灯照明

（1）建立启用阴影的泛光灯。>标准 ▼>目标聚光灯>顶视窗中单击创建出灯光>右键单击结束创建>❖>设置方位>✐>命名为"A-主灯（阴影）">启用"阴影"并设置参数>↻（如图5-13、图5-14所示）。

（2）原地复制制作不启用阴影的客厅主灯。视窗中该泛光灯>右四联菜单>克隆>关系为 ⦿ 复制 >命名"A-主灯（无阴影）">✐>取消"阴影"项并重新设置排除项，其他参数不变>↻（如图5-15所示）。

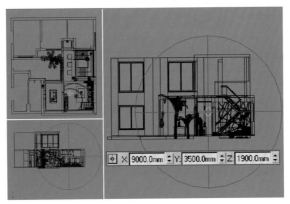

图5-13　客厅主灯方位

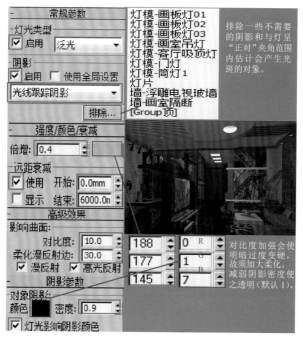

图5-14　主灯——客厅吸顶灯（有阴影）

图5-15　主灯——客厅吸顶灯（无阴影）

### 2.3　制作局域照明与辅助照明

步骤一：用目标聚光灯制作射灯与筒灯

（1）顶视窗中建立一盏照亮画板的目标聚光灯，命名为"C—射灯—画室01"并设置参数>前视窗>⊡>设置方位>顶视窗中Ctrl+✛选择灯头和目标点>Shift+✛移动复制出关系为 ● 实例 的2盏灯>放置好位置>🛈（如图5-16、图5-17所示）。

（2）同样方法复制1盏关系为 ● 复制 的目标聚光灯用于沙发处筒灯>放置好灯头和目标点位置>◩>修改参数>再次移动复制出3盏沙发处筒灯，关系为 ● 实例 >放置好位置>🛈（如图5-18、图5-19所示）。

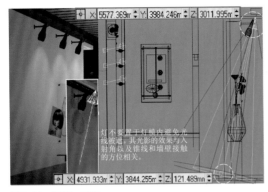

图5-16 射灯—画室

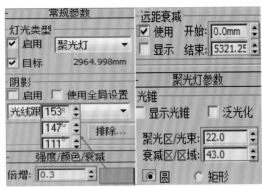

图5-17 画室射灯参数

图5-18 筒灯—沙发

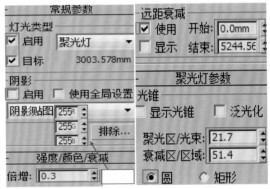

图5-19 沙发筒灯参数

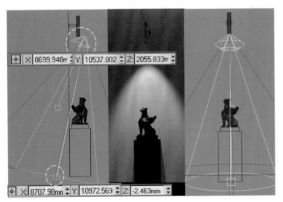

图5-20 射灯—金狮摆件

（3）同样方法复制1盏关系为 ⊙ 复制 的目标聚光灯用于金狮摆件处射灯>放置好灯头和目标点位置> ◢ >修改参数> ⟳ （如图5-20、图5-21所示）。

（4）将金狮摆件处目标聚光灯再复制1盏，关系为 ⊙ 复制 ，用于丰富光晕层次>调整好灯头和目标点位置> ◢ >修改部分参数> ⟳ （如图5-22所示）。

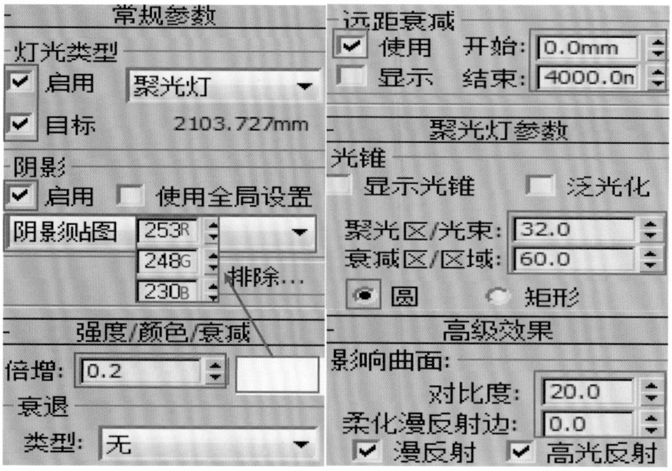

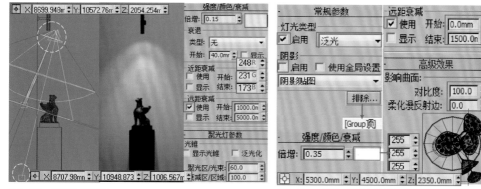

图5-21 金狮摆件射灯参数

图5-22 丰富光晕层次

图5-23 莲蓬—泛光灯参数

**步骤二：将目标聚光灯直接转换成泛光灯**

复制一盏关系为 复制 的目标聚光灯置于莲蓬上方> >命名为"C—光（莲蓬）"> 常规参数 卷展栏>灯光类型组> 泛光 >重设参数（如图5-23所示）。

**步骤三：补光**

补光属于人造光范围，当场景中功能性灯光设置完成后，经常需要人为补充一些细节性光线，包括想象性的艺术处理。

（1）前景补光。建立一盏目标聚光灯并设置参数以提亮画桌腿和强化音柱质感（如图5-24所示）。

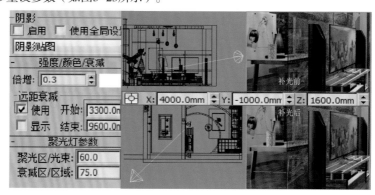

图5-24 前景补光

（2）背景补光。建立一盏泛光灯并设置参数加强因过道远离主灯造成的光线暗淡（如图5-25所示）。

图5-25　背景补光

（3）天光补光。建立一盏室外泛光灯，用光线跟踪阴影使透过玻璃门的地上阴影透明晶莹（如图5-26所示）。

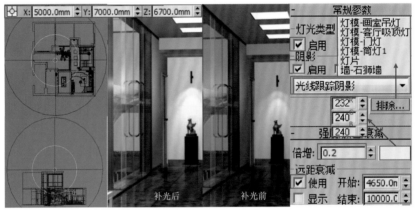

图5-26　强化透过玻门的天光透明阴影

### 2.4　产品级渲染与制作选区用彩图

步骤：曝光设置与后期PS选区用彩图

场景中有大量衰减性标光时，选择"自动曝光控制"项可最大程度地均衡物体离灯光远近而出现过亮/过暗的现象。

（1）菜单栏 渲染(R) >环境(E)... >曝光控制卷展栏>自动曝光控制 ▼ > ☑ 活动（激活）>自动曝光控制参数卷展栏>设置参数（如图5-27所示）。

（2） 🖬> 公用 标签>输出大小组>自定义 ▼ >宽度2 084，高度1 154> 🔒 > 🖒 > 🖩 >保存图片。

（3）主工具栏选择过滤器下拉列表 全部 ▼ > 🖾 >对话框中工具栏> ◯ >关闭其余全部图标>选择排在第一位的物体 确定 > 🖾 > ▼ 材质贴图浏览器 - 材质 > ◢ 标准 材质>[2]活动视图中节点>[2]参数编辑器>漫反射项指定一个纯度高的任意色相，光泽度0，自发光100> 🖾 >同上步骤逐个选择和设置全部场景构件为不同色彩的自发光材质> 🖒 > 🖩 >保存图片（如图5-28所示）。

曝光值：
提亮或暗淡场景，
范围-5至5。

物理比例：
标光用于其他渲染
器时的物理换算倍
增值1=1500cd。

颜色修正：
整体偏色。

降低暗区饱和度：
加深场景物体暗
部。

图5-27　曝光设置

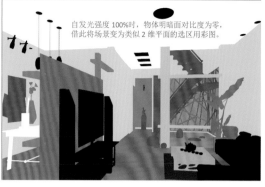

自发光强度100%时，物体明暗面对比度为零，
借此将场景变为类似2维平面的选区用彩图。

图5-28　PS选区用彩图

# 3.室外照明实例——天津塘沽外滩景观

　　室外景观布光较室内灯光单纯，一般只需设置1盏泛光柔和的灯模拟天光，1盏光影比较硬的主灯模拟阳光并产生阴影。1盏辅灯模拟阳光色彩的微妙变化。东南西北打4个多为模拟绿地环境的角地灯、数个补灯调整光与影。

## 3.1　用目标平行聚光灯制作阳光

　　步骤：建立产生阴影的阳光主灯

　　（1）打开系统单位已设置为"米"的光盘 "天津塘沽外滩景观（彩模）"场景文件>⊹✦◩>**标准**▾>**目标聚光灯**>顶视窗中单击拖拽出灯光>✪>按图所示参数分别放置好灯头与目标点位置>✐>命名为"主灯"并调整参数>◙>已锁定渲染Camera01视图（如图5-29所示）。

　　（2）建立阳光辅灯。视图中主灯>右>对话框>克隆>◉ 复制 > 确定 >⊹使其位置稍偏移>✐>命名为"主辅助灯"修改部分参数>◙（如图5-30所示）。

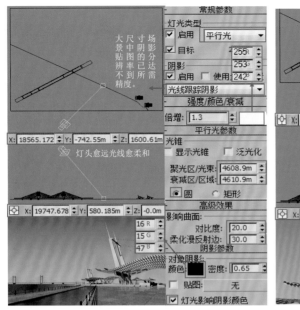

图5-29 阳光主灯—目标平行聚光灯

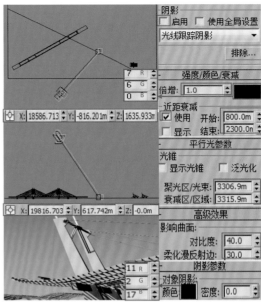

图5-30 阳光色彩微妙变化

### 3.2 用泛光灯制作环境光

步骤：模拟地面反光

●⬤ ⬗>标准 ▼>泛光>顶视窗中单击出灯光>右结束创建>⬖⬗>放置好位置▨>设置参数>Shift+⬖⬗复制3盏，关系为●实例>调整位置>🔘（如图5-31所示）。

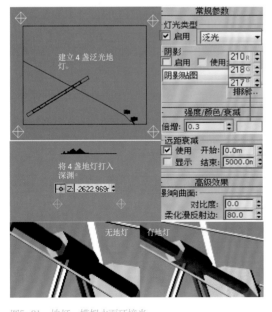

图5-31 地灯—模拟水面环境光

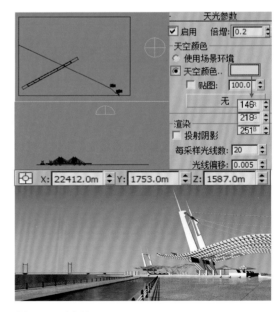

图5-32 天光灯

### 3.3 用天光灯制作天空漫射光

步骤：模拟天空泛光

⚙️ 🔵 >标准 ▼ ▷ 天光 >顶视窗中单击建立一盏呈半球状朝下覆盖漫射的天光灯，右键结束命令 >⊕>放置好位置>✏️>设置参数>🔄（如图5-32所示）。

### 3.4 补光

步骤：强化主景的暗部透明与照亮远处桥

（1）为主体物暗部补光。顶视窗中建立一盏平行聚光灯>⊕>放置好位置>✏️>设置参数>🔄（如图5-33所示）。

（2）照亮远处桥。步骤同上（如图5-34所示）。

### 3.5 存储能分离背景的效果图

步骤：出图。

（1）设置产品级效果图尺寸。🖼️> 公用 标签>输出大小组>自定义 ▼ >宽度3 920，高度2 613>🔄。

（2）存储有阿尔法通道的效果图。渲染图窗口>💾>对话框>指定保存路径和文件名>保存类型>TIF 图像文件> 保存(S) >对话框>● 16 位彩色 ， ☑ 存储 Alpha 通道 > 确定 。

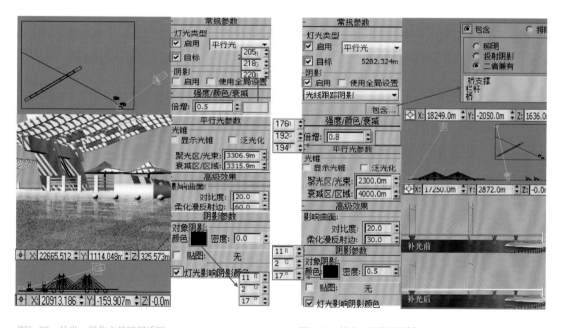

图5-33 补光—强化主景暗部透明　　　　　图5-34 补光—照亮远处桥

# 第六章 / Photoshop效果图后期处理

3d Max渲染的效果图常使用Photoshop（简称PS）等图像软件修饰完善，例如置换背景，添加树木、人物、倒影、交通工具等一些富有生活气息的组件使效果图趋于完善，创造出富有生活气息和艺术感染力的作品。

**学习要点**
重点把握PS的选区操作方法和对"图层"的理解与运用。

# 1.置换背景

在PS中置换效果图背景是最为常见的做法。一般而言，一些色彩纯度和饱和度高的色彩或对比度大的色彩背景容易建立选区（简称"抠图"），然后进行置换。但工作中经常会出现一些变化微妙难以抠出的背景或细节，例如本例中远景斜拉桥的钢索。对这些模糊难辨的细节除手工抠图外也有一些较快的方法加以解决。

## 1.1 归纳色阶与保存选区
步骤一：复制图层和使用阿尔法通道归纳色阶

（1）启动Photoshop软件>菜单栏 文件(F) > 打开(O) >光盘"天津塘沽外滩公园景观效果图" TIF格式图像文件> 图层 面板>将"背景"层拖至 钮上复制出"背景副本"图层> > 关闭背景层显示> 通道 面板>同样方式复制"Alpha 1"图层（如图6-1所示）。

（2）通道面板>确认Alpha1副本图层为当前图层， （可视）图标打开>菜单栏 图像(I) > 调整(J) > 色阶(L) >对话框>归纳各级灰度为黑白2层色阶利于抠图> 确定 （如图6-2所示）。

图6-1　打开图像文件复制图层

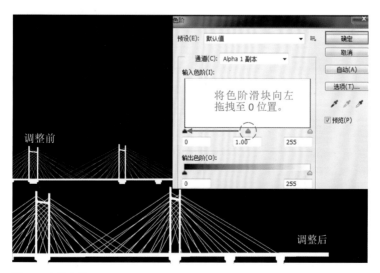

图6-2　归纳色阶

步骤二：去除背景

（1）建立与存储选区。菜单栏 选择(S) >色彩范围(C) >对话框> ■ 阴影 ▼ > 确定 >菜单栏 选择(S) >存储选区(V) >对话框>名称项输入"备用背景选区" 确定 （如图6-3所示）。

（2）删除原图背景。通道 面板> RGB （彩色通道）> 图层 面板>背景副本图层>确认选区仍在，Delete键删除背景露出透明层>Ctrl+D（取消选区）（如图6-4所示）。

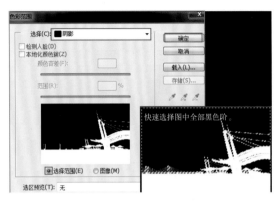

图6-3 建立选区                  图6-4 抠图后更换背景

### 1.2 调入背景文件与调整比例

步骤：合并新背景图形文件

（1）菜单栏 文件(F) > 打开(O) >光盘 "天津塘沽外滩公园用虚拟背景.jpg图形文件>工具箱 ✛ （移动工具）>拖拽该图至当前编辑窗口释放> 图层 面板>拖拽新图层至"背景副本"层之下>该图层名[2]重命名为"新背景图层"（如图6-4所示）。

（2）新背景层为当前>Alt+ 🔍 放缩视窗>Ctrl+T（自由变换）>Shift+ ✛ 、Ctrl+ ✛ 放缩图形>Enter键结束> ✛ >微调放置好新背景层位置（如图6-4所示）。

## 2.增添配景

本例以人群为例，所涉及的技能与方法可以涵盖树木、车辆等一些常见的配景内容。

### 2.1 制作人群倒影和阴影

步骤一：调图做人群与倒影

（1）打开光盘人群.jpg图形文件>工具箱> ✨ （魔棒）>界面状态栏 🔲 （连选）>容差35> 🔍 选取全部绿底色>菜单栏 选择(S) >反向(I) > ✛ 将选择的人群拖至当前编辑窗口释放> Ctrl+T放缩与放置位置> 图层 面板>将人群图层置于"背景副本"层上面（如图6-5所示）。

（2）工具箱 ▦ （框选）>局部框选人群，Ctrl+C（复制）> 🔲 （新建图层）>将其拖拽到人群层下面，Ctrl+V（粘贴）>菜单栏 > 编辑(E) 变换 ▼ 垂直翻转> ✛ >对齐人群脚跟位置>图层面板>设置该图层"不透明度" 30%。同样方式完成余下人群倒影（如图6-6所示）。

图6-5　调入人群

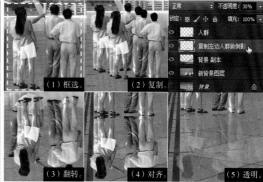

图6-6　制作人群倒影

步骤二：制作人群阴影

（1）阴影造型。用作倒影的步骤复制一组人群局部>图层面板中将其层置于人群层之下>命名为"阴影"层>Ctrl+T>按住Ctrl键拖动各变换点完成符合透视的形>Enter键结束（如图6-7所示）。

（2）填充阴影。阴影层当前>▨>视窗中框选人群>按左方向键使选区轻移自动套住图形；再按右方向键还原位置>☑（吸管）>视窗中吸取合适颜色作为前景色>☑吸取背景色>▨（渐变）>▾|选择渐变方式>视窗中从右至左拖出渐变（可反复）>Ctrl+D去除选区>同样方式完成余下人群阴影（如图6-7所示）。

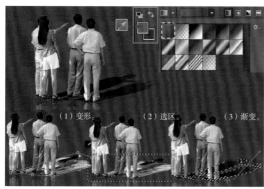

图6-7　制作阴影

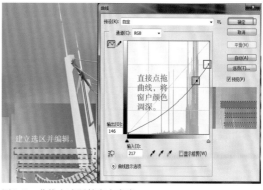

图6-8　曲线方式调整窗户亮度

### 2.2　画面调整与修饰

步骤：调整色彩关系与喷绘

（1）图层面板>"新背景图层">▨>工具栏▨（连选）>框选楼层窗户>菜单栏图像(I)>调整(J) ▾|曲线(U)对话框>调整曲线>曲线(U)>Ctrl+D去除选区（如图6-8所示）。

（2）图层面板>"背景副本"层>☑（多边形套索）>工具栏▨>羽化1像素>连续点选出全部草坪（Backspace键可返回重选，Enter键可强行闭合选区）>菜单栏图像(I)>调整(J) ▾|亮度/对比度(C)>对话框>设置参数>确定（如图6-9所示）。

（3）调整(J) ▾|色相/饱和度(H)>对话框>设置参数>确定 >Ctrl+D（如图6-10所示）。

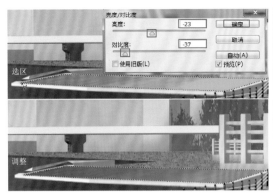

图6-9　使草皮亮度与对比度减弱　　　　　　　　　图6-10　使草皮色调偏蓝

（4）图层面板>新建>建立一个新层置于背景副本层之上>选区>羽化3>绘制出选区>画笔（画笔）>工具栏>画笔大小68，流量15%>选区中连续喷绘出局部地面反光>Ctrl+D去除选区（如图6-11所示）。

图6-11　手工绘制地面反光

## 2.3　保存文件

步骤：存储两种格式的图形文件

（1）图层面板>确认需要的图层眼睛图标均已打开>文件(F)>存储为(A)指定盘符并命名图形名和选择保存有全部图层和操作历史的Photoshop（*.PSD）格式文件。

（2）文件(F)>存储为(A)>JPFG（*.JPG）格式文件>对话框>各项存储指标均选择最佳质量。

# 第七章 / VRay渲染与灯光

VRay（Virtual Reality，即虚拟现实，以下简称VR）是由保加利亚Chaos Group公司开发的一款能计算GI（Global Illumination全局光照）的渲染软件。GI包括直接光照和其产生的反弹间接光照。该软件模拟间接光照的效果十分优秀。目前是业内主流渲染软件。VR由自带灯光、材质、渲染器三大部分组成，兼容光度学灯光和3ds Max标准灯光以及绝大部分标准材质。

**学习要点**

理解如何合理地设置主要渲染设置项与参数。使学习制作的效果在需要渲染测试时能正确的、较快速地渲染出结果，为保证学习中对问题与错误的判断提供观察和分析的足够依据。

# 1.VR概述

VR能用Max的渲染窗口也能使用自带的渲染窗口，二者最大的区别是VR在渲染后的窗口内可直接拖拽选择局部重新渲染。这种检查方式对很耗时的间接光渲染来讲是一个很实用的功能（如图7-1所示）。

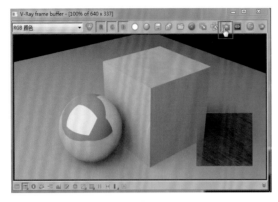

图7-1　VR渲染窗口的局部渲染

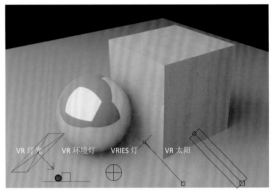

图7-2　一盏VR灯+全局环境光的效果

VR灯光发展至目前已有4种，使用频率最高的仍为VR灯光（VR面灯），取其发光柔和均匀，矩形的发光面可双面或单面发光，朝向可随意变更的长处，常用于漫射光和辅光（如图7-2所示）。射灯类效果则多采用光度学灯光或VRay IES灯光导入照明制造商提供的Web（光域网）文件，以获得其精确丰富的光层。标准灯光则在需要尖锐光与影以及单纯补光时使用。

VR可以全部使用自己的材质和贴图，混搭标准材质使用时其标材中常用的光线跟踪贴图则需用VR贴图代替。VRayMtl（VR材质）像Max的标准材质一样是VR材质的基础，材质由漫射、反射、折射三项综合作用构成的物理学定义被直接用在VR材质面板上，理解这些参数项的规则是用好VR材质的关键（如图7-3所示）。

图7-3　VR材质核心物理性参数项

漫反射参数组。

漫反射：用色块指定对象的固有色或贴图。粗糙度取值范围0.0—1。

反射参数组。

反射：以色块灰度为反射强度，白色完全反射，黑色反之。色块的颜色为反射色，纯灰色时以漫反射的色块为反射色。

高光光泽度：控制高光强度。默认L钮与"反射光泽度"项关联锁定，解锁后可单独控制高光。

反射光泽度：可理解为光滑程度，范围0.0—1。达到1时规定为等于0值，即无光泽。

细分：控制"反射光泽度"质量。高值光泽细腻。

使用插值：细分时用类似发光图方式插值。

暗淡距离：反射衰减到0的半径范围。

暗淡衰减：衰减强度，单位%。

菲涅尔反射：使反射衰减过渡柔和（菲涅尔现象：正对的影像反射强烈但模糊，侧对逐渐减缓变清晰）。

菲涅尔折射率：正常反射与跑偏的光子数量比。默认1.6，最高20，值越小衰减越剧烈。

最大深度：光线反弹跟踪最大次数。默认5（人眼可辨1—5）。值高影像细腻，达到最大深度时剩余角落不再跟踪，采用其下"退出颜色"项的色块指定的颜色代替。

折射区：专用于控制透明度。白色全透，黑色反之。

光泽度：折射模糊程度。值小模糊程度高。范围0.0—1。达到1时规定为等于0值，即无光泽。

影响阴影：产生透明的阴影，仅支持Vary灯光阴影。

影响通道：指定那些通道受到透明设置的影响。

色散：即焦散（透明体内部光斑散射）。勾选则激活阿贝（系数值）项，高值色斑分散弱，低值反之。

折射率：曲光率。值高折光强，取值可直接使用物理定义的值。

烟雾颜色：透明体内部浑浊强度。

烟雾倍增：值大雾浓（参数敏感度极高，范围0.00—1）。

烟雾偏移：雾色向相机方向偏移（参数敏感度极高，范围0.00—1）。

# 2.常用渲染设置

　　VR渲染的精华是耗时的间接光计算，为了一定的渲染速度而降低设置又容易渲出大量斑状噪点。这种速度与质量的矛盾只有弄懂常用的主要设置搭配才能灵活地调整以达到适度的均衡。先行设置较低的渲染参数用于测试以保证制作按一定的速度顺利进行，待效果得到印证后再设置为正式渲染所需的参数，然后安排空闲时段进行正式渲染是比较实用的有效方法。

## 2.1　测试级渲染参数预设置与保存

步骤一：渲染设置面板"公用"标签项设置

　　（1）指定VR渲染作为默认渲染器。 （渲染设置，快捷键F10）>设置面板> 公用 标签> 指定渲染器 卷展栏>产品级 ... （选择渲染器）钮>对话框>VRay Adv 3.00.08> 确定 >保存为默认设置 >对话框>确认已保存> 确定 。

　　（2）固定渲染用视窗。设置面板底部> 查看： ▼|>四元菜单4-透视 （若当前为摄影机视图则为 四元菜单4-Camera01 ）> 🔒 。

步骤二：渲染设置面板"VRay标签"项设置

　　VR3.0以后的设置界面包括有基本、高级和专家三种模式。这些模式可随时切换。

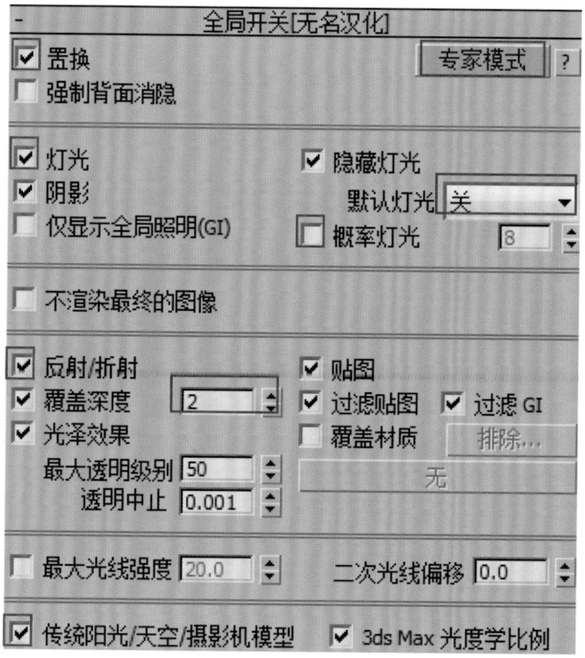

置换：对置换贴图有效。

灯光：不选则用右边Max场景默认灯光渲染。

隐藏灯光：隐藏的灯光也渲染。

概率灯：场景中有大量灯时，可在此指定灯数概率性计算光子以加快速度，值低噪点大，默认8盏。

仅显示…：只渲染间接光。

覆盖深度：用于全局取代各材质设置的不同反射/折射反弹次数。

覆盖材质：用其下材质钮指定简单材质临时覆盖所有物体材质，不指定材质则自动启用Max默认材料。常用于快速测试模型有无漏光等情况。

传统 . 兼容旧版。

图7-4　测试级全局开关设置

　　（1） V-Ray 标签> 全局开关 卷展栏> 专家模式 >整体最基本设置（如图7-4所示）。

　　（2） 帧缓冲区 卷展栏>设置VR渲染窗口> 图像采样器(抗锯齿) 卷展栏>设置采样方式和取消抗锯齿设置>（如图7-5所示）。

　　（3） V-Ray 标签下其他卷展栏设置（如图7-6所示）。

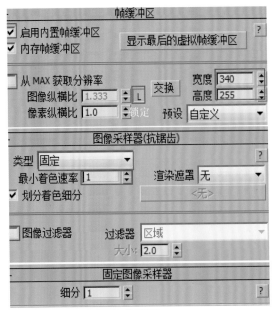

启用…：使用VR渲染窗口。

显示…：显示上一次渲染结果。

固定比率采样器：无论简单复杂对每个像素的采样数均等同，在此表内所有采样器中速度最快。

最小着色速率：着色采样倍增。主要全局影响光线投射的阴影质量，有透明阴影时应提高此值（默认值2）。

图像过滤器：耗时大户，用于抗锯齿，右边有不同用途的过滤器供选择。测试阶段不需关注平滑效果，因此取消。

细分：细分采样数，默认值1。场景中有大量细节时可适当提高。

图7-5 测试级渲染窗口与采样设置

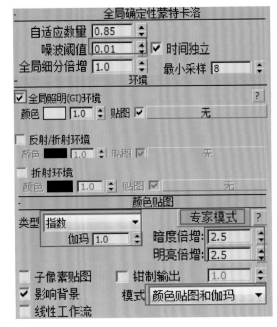

蒙特卡洛是随机抽样的一种概率算法，在VR中该算法按明暗差异在相邻像素上采出不同数量的样本计算模糊与细节。

噪波阈值：渲染耗时最主要大户，默认值0.001。值大渲染快但有杂点。

时间独立：用蒙特卡洛法估算真实完成计算的时间。

全局照明…：用默认色做全局天光/环境光覆盖，强度100%可调。贴图钮用于指定能发光子的贴图，该项与Max的环境贴图钮为叠加关系，区别为VR只发光图像不可见，Max能发光图像可见，二者常配合使用。

指数：曝光方式。能加大或减弱明暗对比与锐度，但会降低色彩饱和度。

暗/亮度倍增（提亮）：强度值。

图7-6 测试级VR标签下其他卷展栏设置

步骤三：渲染设置面板GI标签项设置

该标签下全部为计算间接光照的各项参数，是VR渲染的核心。直接光照计算明确快捷，而间接光照不仅向四面八方照射，还涉及光子遇到物体后会来回反弹的次数以及光能在这种传递中的能量消耗。如何在计算速度与质量上权衡达到实用需求是主要设置。

（1） GI 标签> 全局照明 [卷展栏> 专家模式 >设置首次和二次反弹间接光照的引擎与计算精度> 发光图 卷展栏> 专家模式 >设置常用参数（如图7-7所示）。

（2） 灯光缓存 卷展栏> 基本模式 >设置常用参数（如图7-8所示）。

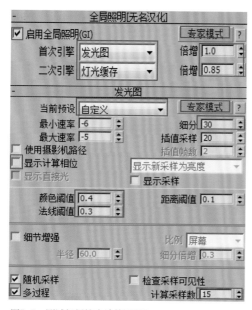

倍增1指对所有间接光子100%完全计算。第二次反弹计算到85%时已能满足测试需求。

发光图是一种比较与取舍的模糊计算方式。它对物体表面由粗到细反复跑几遍进行"比较"，每跑一次找出的转弯抹角处作为发光点计算，平直处则插值处理，然后将结果放在一个临时缓存的"图"里。后续跑光中与其条件相似处则舍，反之则取并也累增在"图"里，因此速度快。

完成的"发光图"可保存与调用。因为是插值处理，如果参数过低则细节有丢失或模糊，计算时内存需大。

多过程（多线程）：双核及以上勾选。

图7-7　测试级间接光计算设置1

灯光缓存是兼容性精细计算间接光用的VR引擎，能支持任何灯光类型。
首次间接光源充足，适合用发光贴图的模糊计算方式，二次反弹的光源次之，适合使用灯光缓存的精细计算方式，二者成为常用组合。
细分值：确定来自摄影机方向的光子路径有多少条被追踪。默认值1000。测试阶段不需要精细效果，减值后能大幅度加速。
显示…：渲染时显示计算过程，关闭它节省时间。

图7-8　测试级间接光设置2

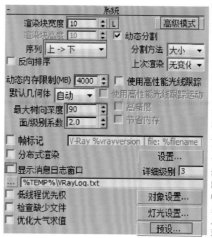

渲染块：渲染时分成矩形小块独立进行计算，以像素为单位，默认48。
序列：渲染中块进行的顺序，静帧渲染选择此顺序可在后一个渲染块中使用前一个渲染块的相关信息以加快速度。
最大树深：定义树状数据顶端临界深度，大值占内存但渲染很快，小值反之。默认80，可设90。
面级别系数：定义树叶级节点中的分量值，值小则渲染很快，但更耗内存。默认1，可设0.5。
帧标记：水印。
显示…：渲染时弹出的信息窗口。
预设：将设置的参数保存为文件，以供调用。

图7-9　测试级系统标签项设置

**步骤四：渲染设置面板"设置"标签项设置与保存测试级渲染设置**

（1） 设置 标签> 系统 卷展栏> 高级模式 >设置常用参数（如图7-9所示）。

（2） 预设… >对话框>左上编辑框中输入"测试级别参数"名> 保存 （如图7-10所示）。

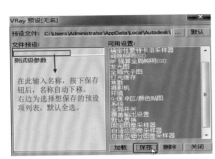

图7-10　保存测试级预设值

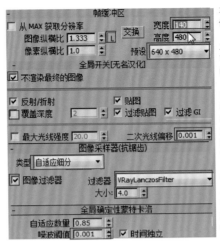

图7-11　产品级小图参数设置1

不渲染…：只计算不渲染可加快跑图时间。

二次…：将二次反弹光线偏移可预防模型中有重叠面时产生的黑斑。

自适应细分图像采样器：能自动在角落处使用高采样数，平坦处反之。该采样器适用于有大量细节和贴图的室内设计。在默认参数下其速度与质量适中。

VR兰索斯过滤器：以匈牙利人兰索斯创立的"分块兰索斯法"匀化高低峰值。计算精准速度较快，适应面宽。默认值2时图形边缘锐利，取值4时柔和，值大于5时边缘开始模糊，低于0.5时图像产生溶解效果。

提示：光子在现实中会向四周无数次反弹，但光能衰减至0的过程一般很快。其中首次和二次反弹的光效起着决定性的作用，第三次以后的反弹光效一般趋微（人眼一般可辨识1～5次反弹的光效）。因此VR只计算前二次反弹，余下的采用匀化采样点高低峰值的方式模糊计算，以此达到计算时间上的实用需求。

提示：最小速率：对场景平坦区域的采样数量。参数0代表每个采样点都有样本，−1表示1/2是样本，−2表示1/4是样本，其余以此类推。

最大速率：对场景凹凸区域（边线、角落、阴影等细节）的采样数量，参数含义同最小速率。该值不要超过1，以免计算机死机。

细分：以半球状为范围模拟反弹光线的条数。较小值可获得较快速度，但可能产生黑斑。默认50条（有计算价值的分辨数，能得到平滑的图像，但渲染时间剧增）。

显示计算相位（状态）、显示采样项均为观看计算过程，取消勾选可节省渲染时间。

提示：预设文件保存后需重新保存时，要按对话框最上部记录的文件路径找到该文件删除后才可重新在此设置新预设文件。

### 2.2　产品级渲染参数预设置与保存

产品级渲染参数基本为调整测试级别修改过的参数。大尺度产品级渲染时，前期的光子图计算会花费很多时间。采用小图完成发光图与灯光缓存2个光子数据的采集，然后提供给大图进行后续图像采样的方法可节省出图的渲染时间，需要注意的是小图与大图的参数均为产品级参数。二者的长宽比例需相同，并按最终预计的大图尺寸缩小3或4倍作为小图的尺寸在性价比方面比较合适。

步骤一：设置产品级小图渲染参数与保存小图渲染设置

（1）调用测试级渲染参数。 > 设置 标签> 系统 卷展栏> 高级模式 > 预设... >对话框>点取"测试级别参数"名> 加载 。

（2）借用常规比例设置小图尺寸。 V-Ray 标签> 帧缓冲区 卷展栏> 预设 640 x 480 > L （锁定）>修改宽度140。

（3）修改 全局开关 卷展栏、 图像采样器(抗锯齿) 卷展栏设置（如图7-11所示）。

（4）保存发光图计算文件。 GI 标签>修改 全局照明 卷展栏、 发光图 卷展栏部分参数>

确认模式为单帧> 保存 >对话框>指定保存盘符并命名> 保存(S) >勾选不删除、自动保存项以激活保存路径（如图7-12所示）。

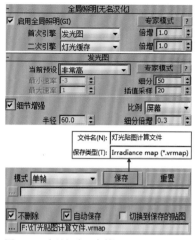

图7-12　产品级小图参数设置2

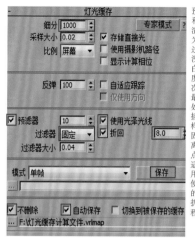

图7-13　产品级小图参数设置3

预滤器：对完成的发光图用匀化和插值方式过滤采样的漏白后再渲染，尽量避免出现噪点。其后为匀化系数，值高细腻。

过滤器：共3种。

没有：不用过滤器，直接引用空白处最靠近的色点作为插值，速度最快。适宜用于噪点轻微和二次反弹计算时。

最近（默认）：过滤器引用空白处最靠近的色点取其平均值后插值。样本引用多寡由"插值采样"数而定，默认10。

固定：由"过滤器大小"指定距离尺寸后在其范围内搜寻所有有色点后取其均值。平滑效果最好，适宜有较多反射和折射设置时使用，默认0.04。

使用光泽光线：匀化时加算灯光的色光。

折回：线程数。按CPU配置的线程设置，默认1，双核为2。

（5）修改灯光缓存参数和保存计算文件。 灯光缓存 卷展栏>修改参数>保存计算文件方法同发光图计算文件（如图7-13所示）。

（6）保存产品级小图渲染设置。 设置 标签> 系统 卷展栏> 预设... >对话框>左上编辑框中输入"产品级小图参数"名> 保存 。

（7）渲染小图。视图中任意创建一个长宽高均为1 000 mm的长方体> 🫖 。

步骤二：设置渲染产品级大图参数与保存大图渲染设置

（1）修改设置。渲染设置面板 帧缓冲区 卷展栏>自定义设置正式出图宽/高度> 全局开关 卷展栏>取消"不渲染最终的图像"项勾选。

（2）调用小图计算文件。 GI 标签> 发光图 卷展栏、 灯光缓存 卷展栏>均在 模式 项改"单帧"为 从文件 > ... >导航至存储的文件> 打开(O) > 设置 标签> 预设... >对话框>输入"产品级大图参数"> 保存 > 关闭 > 🫖 （如图7-14所示）。

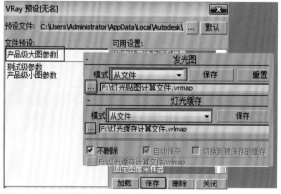

图7-14　调用计算文件与保存设置

# 3.室内VRay渲染实例——品艺轩贵宾室

打开光盘"品艺轩局部（彩模）"场景文件，蓝色模型为VR材质学习内容，其他已有材质可用材质编辑器"吸管"工具自行吸取探究。从本章节起使用精简材质编辑器。

## 3.1 VR室内打光总述

VR渲染室内光环境常用三步打光法模拟真实自然的柔和光效。其设置概念如下。

（1）决定环境整体亮度。一般分2层模拟，第一层用VR环境灯（以往无此灯而用面灯）为各角落处做光环境铺垫避免死角，用光宜弱不宜强。第二层设置VR面灯置于窗外，模拟天光散射形成室内足够亮的泛光。需阳光效果的室内环境另置阳光灯。灯槽效果用发光材质或另置灯。

（2）烘托局部氛围。这类灯光多采用光度学灯光和光域网文件以获得明确细腻的光区。

（3）调整。这是耗时较长的一步，主要为增加整体细节层次。如用"VR天光"贴图、HDRI（高动态贴图）设置室外散射光或简单设置为环境色，为射入室内的泛光附上微妙色光变化。

整体和局域补光提亮使物体暗部变化丰富有透明感。

需要逆光效果或突出某区域的场景中，用光将物体与背景拉开，灯常置于物体背后向前或向后照射。这类灯常采用"排除"法突出被照射物体的轮廓或丰富物体的色彩变化。

上述步骤均需反复调整才能达到理想的结果。另外也常涉及材质的设置。

## 3.2 调入和回检测试级渲染参数

步骤：设置测试级渲染参数

▣>设置 标签>预设...>对话框>点取"测试级别参数"名> 加载 > V-Ray 标签>帧缓冲区 卷展栏>设置VR渲染窗口宽度340、高度255像素标签> 环境 卷展栏>全局照明(GI)环境 取消勾选。

### 3.3 用VRay环境灯照亮场景

创建命令面板 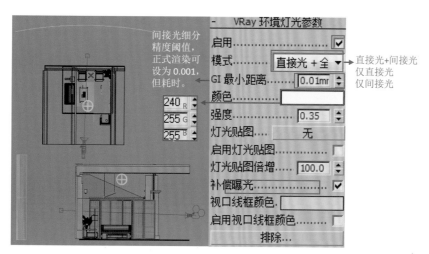 > VRay ▾ > VR-环境灯光 > 顶视窗中单击创建灯光>放置好位置> ✎ >设置参数 > 排除... >对话框>Ctrl+"顶（建筑）""Group落地灯罩"2项>>>> 确定 > ○（如图7-15、图7-16所示）。

间接光细分精度阈值，正式渲染可设为0.001，但耗时。

直接光+间接光
仅直接光
仅间接光

图7-15　用VR环境灯照明场景

打开场景，发亮处为自发光材质

图7-16　VR环境灯渲染效果

### 3.4　制作檀木与玻璃及绒布材质

步骤一：制作檀木隔扇和玻璃材质

（1）使用精简材质编辑器和设置示例窗。界面主工具栏按住 图标切换为 >精简材质编辑器选项图标>设置示例窗个数为24（如图7-17所示）。

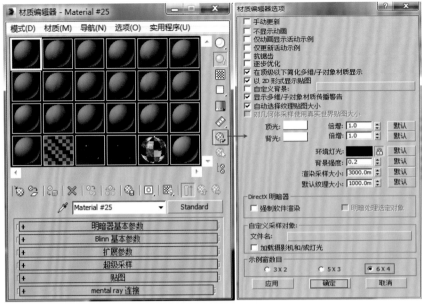

图7-17  精简材质编辑器和示例窗数目

（2）制作檀木材质。■>命名"烟灰檀"> Standard （标准材质）钮>材质/贴图浏览器 > VRayMtl （VR材质）>²设置参数>漫反射右侧>■（贴图钮）■位图>²打开光盘配套柚木–071>位图坐标参数默认>■>同样步骤设置其他贴图项与参数>■>选择木隔扇、靠塌与沙发木基座模型>■>■（如图7–18所示）。

赋予材质　　　　显示纹理　　　返回上一级

图7-18  檀木高档漆木材质

（3）制作VR玻璃材质。■> Standard >材质/贴图浏览器 > VRayMtl >²命名"VR玻璃窗（透）">设置参数>■>选择已经有标准材质的"玻璃"模型>■。

（4）避免正对摄影机的玻璃反射耀眼光斑。■>玻璃模型>右四联菜单>VRay属性>对话框>去掉"生成全局照明"（即产生间接光）项的勾选>■（如图7–19所示）。

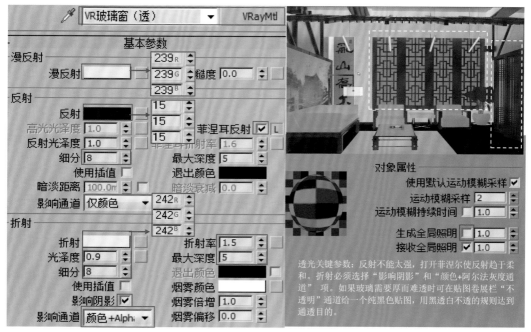

图7-19　VR透明玻璃材质

步骤二：制作绒布材质

图N>布艺沙发>确定>图>◯>图>Standard>VRayMtl>[2]命名"VR沙发绒布">设置漫反射贴图>图>
设置其他参数>◯（如图7-20所示）。

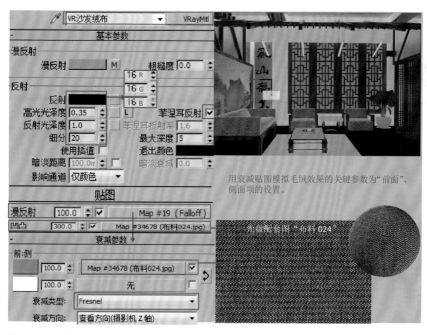

图7-20　沙发绒布材质

### 3.5　制作灯带VR发光材质

VR灯光材质可以指定给任意几何体和可渲染样条线，能直接照明也可以仅产生间接光，用于做线性灯带很便利。

步骤：设置灯带VR发光材质

🖱>灯带（第一种灯带）>|确定|>|🔲|>|⬤|>|🔒|>| Standard |>|⬜VR-灯光材质|²设置参数>|🕳|（如图7-21所示）。

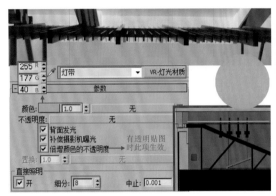

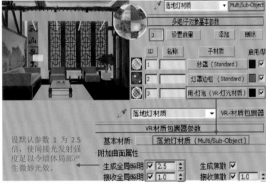

图7-21　VR发光材质　　　　　　　　　　图7-22　VR包裹材质

### 3.6　将落地灯标准材质改为VR包裹材质

VR包裹材质多用于包裹标准材质，使其正确地产生和接受间接光，从而能充分发挥标材种类丰富的特点。

步骤：包裹场景中落地灯罩原有标材

（1）提取标准材质。🖱>Group落地灯罩>|确定|>|💡|>|🔲|>|⬤|>|🖊|>视窗中灯罩模型。

（2）设置VR包裹材质。|🔲|>开启ID 3灯泡VR灯光材质>|Multi/Sub-Object|（多维子材质）钮>|⬛VR-材质包裹器|²对话框>|⦿将旧材质保存为子材质|>|确定|>设置参数>|🕳|（如图7-22所示）。

### 3.7　制作VR雪花材质茶几面板

雪花材质又称"鳞片、薄片材质"，均为Flakes Mtl的汉译，多用于珠光漆类的制作。

步骤：设置茶几合成材质台板

（1）设置材质质感纹理。🖱>茶几台板、小桌台面>|确定|>|🔲|>|⬤|>|🔒|>| Standard |>|⬛VR-雪花材质|²设置常规参数（如图7-23所示）。

（2）强化台板光线跟踪效果。雪花材质贴图卷展栏>启用"雪花光泽度"项，强度50>贴图钮>|⬛VR-贴图|²设置参数>|🖱|>|🕳|（如图7-23所示）。

提示：VR不支持标材用于镜面反射的"光线跟踪"贴图，只用功能等同的VR贴图。

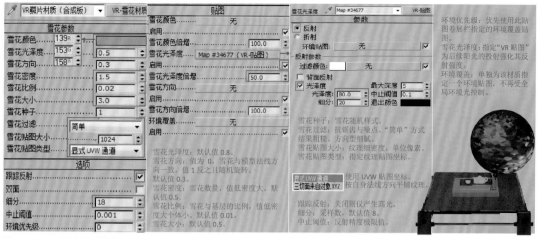

图7-23　VR雪花材质参数

### 3.8　制作漆木地板VR覆盖材质

VR覆盖材质主要用于替换原有材质向外发射的间接色光和反射强度，包括替换其他属性，常用于控制因面积大、色饱和度高引发的溢色现象。

步骤：提取木地板材质并减弱发射间接光能力

（1）提取标材质和修改光线跟踪贴图。 >　>　>摄影机视窗吸取地板材质> 贴图 卷展栏>反射项> Map #1（Raytrace）（光线跟踪贴图）钮> Raytrace > VR-贴图 [2]对话框> 丢弃旧贴图 > 确定 >设置参数> （如图7-24所示）。

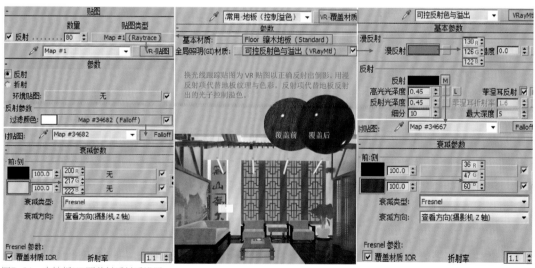

图7-24　木地板VR覆盖材质材质设置

（2）设置VR覆盖材质。 Standard > VR-覆盖材质 [2]对话框> 将旧材质保存为子材质 > 确定 >全局照明（GI）材质贴图钮> VRayMtl [2]设置参数> > （如图7-24所示）。

提示：如果VR汉化版对覆盖材质中有标材而支持不稳定可用英文VR原版，或改用VR包裹材质。也可简单地用右键单击模型，在弹出菜单中选择VR属性项，将其"生成全局照明"的强度参数减小即可。

### 3.9 制作VR车漆材质日光灯罩

VR车漆材质是以雪花材质参数为基础的一种带云母效果的高档漆，该材质由底层、鳞片层和表层三个材质层叠加而成。

步骤：制作珠光金属漆

▧>日光灯罩> 确定 >▧>▧>▧> Standard >■ VR-车漆材质 >²设置参数>▧（如图7-25所示）。

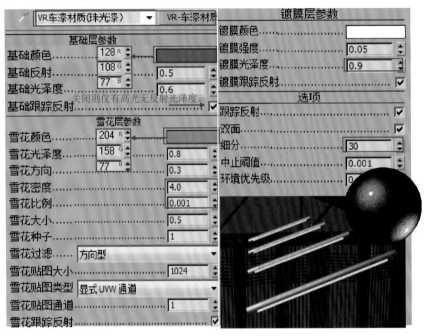

图7-25　日光灯罩材质

### 3.10　用VR混合材质与VRay污垢贴图制作陶钵材质

VR混合材质多用于模拟高级材质，具有将多个材质融合或以层级关系叠积2种模式。其内容分为2大块。其一为基本材质：即层级中最低层的材质（支持标准材质）。其二为表层材质：仅支持VR材质并以编号为序，逐层与上一级混合。其"混合数量"用色块灰度方式控制混合程度；黑色完全显示基本材质；白色完全显示表层材质。也可用其后的贴图通道控制，用贴图控制时色块方式自动失效，改用其后的数值方式控制混合强度，默认100%覆盖基本材质。如果按序号继续混合，新材质将在前面已经混合的基础上再次混合。

步骤一：指定陶盆为VR混合材质并设置基本材质

▧>陶盆> 确定 >▧>▧>▧> Standard >■ VR-混合材质 >²对话框>● 丢弃旧材质 > 确定 >基本材质钮>■ VRayMtl >²设置基本、双向反射、选项参数>- 贴图 卷展栏>漫反射贴图钮>■ 衰减 >²设置衰减参数>▧>凹凸项贴图钮>■ 位图 >²打开光盘配套石材01位图>贴图坐标卷展栏设置平铺次数>▧（如图7-26所示）。

步骤二：设置表层斑驳色釉

（1）制作表层色釉。拖拽基本材质钮至"镀膜材质"1号钮释放>²对话框>● 复制 > 确定 >打开镀膜1号材质钮>修改部分参数>漫反射项指定■ 渐变 贴图和设置参数>▧（如图7—27所示）。

（2）设置斑驳效果。镀膜1号材质贴图钮>■ VR-污垢 >[2]设置各项参数>非阻光颜色项贴图钮>■ 位图 >[2]打开光盘配套"污垢02.jpg"位图用于遮罩透出部分底层材质，贴图坐标参数默认>◊> ◊（如图7-28所示）。

提示：污垢贴图常用于破旧或物体边缘磨损之类的效果，在不使用遮罩图时，设置的污垢色分散沉淀在物体边缘和折缝处形成陈旧效果，巧用此效果亦可强化石膏角线之类白色物体的体积感。

图7-26　VR混合材质—陶盆基层设置

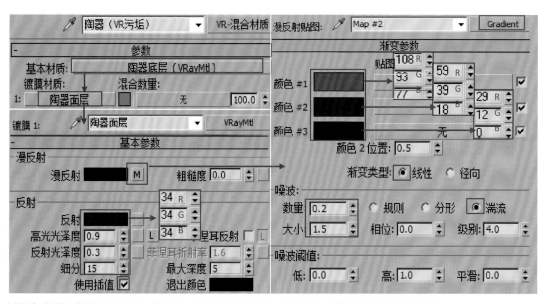

复制材质后仅将漫反射贴图更改为渐变贴图模拟釉质。原反射参数重新设置即可。陶器釉层不需高精度计算故使用插值计算方式。

图7-27　VR混合材质—陶盆釉质层设置

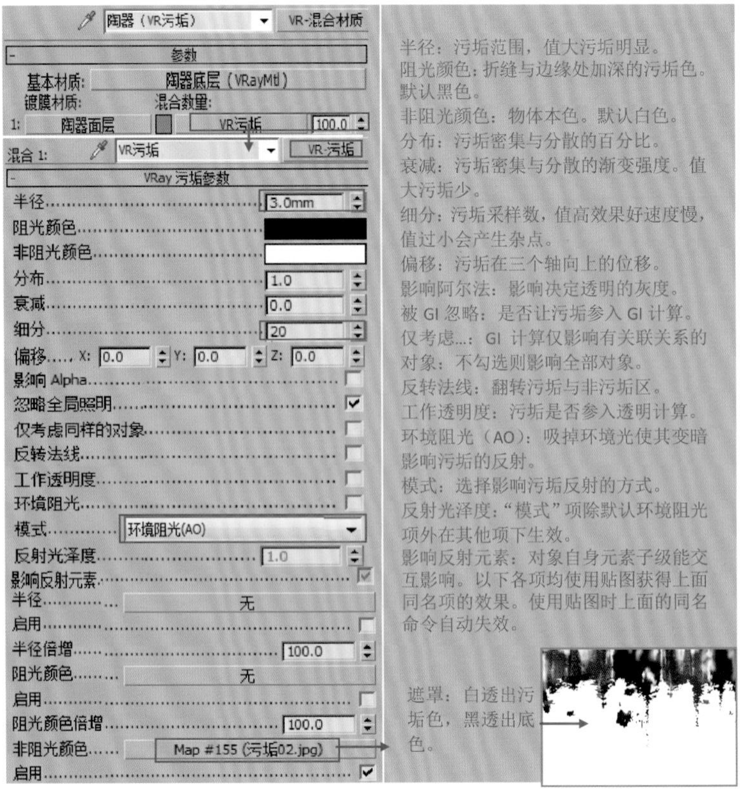

半径：污垢范围，值大污垢明显。
阻光颜色：折缝与边缘处加深的污垢色。
默认黑色。
非阻光颜色：物体本色。默认白色。
分布：污垢密集与分散的百分比。
衰减：污垢密集与分散的渐变强度。值
大污垢少。
细分：污垢采样数，值高效果好速度慢，
值过小会产生杂点。
偏移：污垢在三个轴向上的位移。
影响阿尔法：影响决定透明的灰度。
被GI忽略：是否让污垢参入GI计算。
仅考虑…：GI计算仅影响有关联关系的
对象，不勾选则影响全部对象。
反转法线：翻转污垢与非污垢区。
工作透明度：污垢是否参入透明计算。
环境阻光（AO）：吸掉环境光使其变暗
影响污垢的反射。
模式：选择影响污垢反射的方式。
反射光泽度："模式"项除默认环境阻光
项外在其他项下生效。
影响反射元素：对象自身元素子级能交
互影响。以上各项均使用贴图获得上面
同名项的效果。使用贴图时上面的同名
命令自动失效。

遮罩：白透出污
垢色，黑透出底
色。

图7-28  VR污垢贴图

### 3.11  用VR毛皮工具制作长绒地毯

VR毛皮需要依附在几何体上创建，其效果常用于表现现代长绒地毯、草地、毛皮等效果。

步骤：制作素色长绒地毯

（1）指定VR毛皮工具。▣>Plane地毯载体>确定 >✿○VRay ▾|> VR-毛皮 >设置参数（如图7-29所示）。

（2）赋予地毯材质。◉>◢>▥> Standard > VRayMtl >²设置参数>-贴图 卷展栏>漫反射项贴图钮>▬衰减 >²设置参数>✿凹凸项设置贴图强度>贴图钮>▪位图 >²打开光盘配套"绒毛地毯"位图>贴图参数默认>✿>◻（如图7-30所示）。

源对象钮：重新指定几何体。
重力：倒伏程度。
弯曲：弯曲程度。
锥度：毛发端点锥化度。
材质：指定多维子材质用的ID号。
段数：毛发截面轮廓边数。
平面法线：截面平滑，勾选则光滑。
方向向量：毛发随机变化方向。值大弯曲强烈。
长度向量：长度变化。
厚度向量：粗细变化。
重力向量：倒伏变化。1强烈，0不变化。
每个面：一个面的毛发数量。
每区域：一个网格的毛发数量。
参考帧：在指定帧数内固定分布度。
选定的面：只选择的面上产生毛发。
材质ID：按材质号放置毛发。

毛发数量大体积细小，除使用
发光图渲染外忽略其余选项可
省渲染地毯的时间。

图7-29 长绒地毯参数　　　　　图7-30  长绒地毯材质

### 3.12 窗外背景墙设置

步骤：赋予背景墙风景贴图和设置属性

（1）⊕>左视窗平面几何体>⊕>◐>⊟> Standard >◻VR-灯光材质>[2]设置发光参数和赋予光盘配套"lakeside.jpg"位图>⊕。

（2）使后续阳光能穿透背景模型。平面几何体>右四联菜单>对象属性(P)... >☑ 背面消隐 > 确定 。

（3）避免间接光影响背景贴图。平面几何体>右四联菜单>V-Ray 属性 >去掉"接受全局照明"项的勾选> 关闭 > ⊡（如图7-31所示）。

图7-31　窗外背景设置

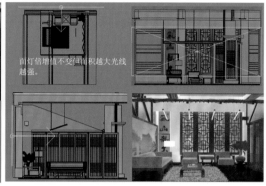

面灯倍增值不变但面积越大光线越强。

图7-32　制作窗外面灯

### 3.13　用VR面光灯模拟散射光和灯槽光

步骤：制作窗外散射光和灯槽光

（1）⊕>▽VRay ▾|> VR-灯光 >顶视窗中单击后向右下角拖拽出面灯>⊞>右对话框>选项 标签>角度90>⟳>顶视窗中向下旋转面灯使箭头朝向室内>⊹>放置好位置并设置参数（如图7-32、图7-33所示）。

（2）做窗帘盒内灯槽灯。顶视窗中Shift+⊹拖拽复制窗面灯，关系为⊙ 复制 >⊹⟳放置好位置>◪>修改部分参数（如图7-34所示）。

（3）暗部补光。同样方法复制窗外面灯对立放置好位置> 排除... >对话框>"顶（建筑）"项>>> > 确定 >修改参数（如图7-35所示）。

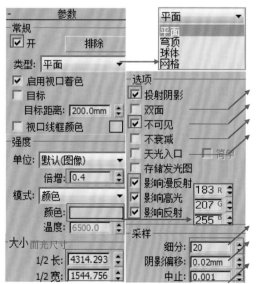

4种发光方式：其中网格项用于指定几何体做光源，选择该项则出现网格灯光选项组，按下其"拾取网格"钮可在场景中拾取物体。

双面发光。

灯光本身渲染时不可见。

像标光一样不设置灯光衰减。

无直接照明，只产生间接光储。与渲染设置的发光图一同存储。勾选则发光图计算量加大，但渲染时间会大大减少，同时该灯丢失对物体高光的影响。

光线采样条数（人眼辨识范围50条），值大细腻耗时。

阴影与物体轮廓的距离值。

采样阈值，值小平滑耗时。默认0.001。

图7-33　窗口面光参数

图7-34　窗帘盒内用面灯做灯槽

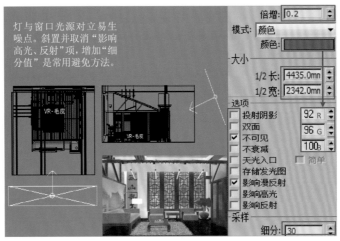

图7-35　加补偿光丰富暗部色阶

### 3.14　用VR阳光灯与VR天空光贴图模拟阳光与天光

步骤：创建VR阳光与VR天光贴图

（1）创建VR阳光。![icon] > ![VRay] > ![VR-太阳] >顶视窗中单击后向左下角拖拽出阳光>对话框> ![是(Y)] > ![icon] >分别选择阳光灯和目标点设置绝对坐标XYZ轴参数定位> ![icon] >修改参数> ![icon] （如图7-36所示）。

（2）调整VR天空光贴图。![icon] >菜单栏 ![渲染(R)] >环境(E)… >对话框>拖拽联动生成的VR天空贴图钮至打开的材质编辑器新示例球上释放>对话框> ![●] 实例 > ![确定] >材质编辑器中设置贴图参数> ![icon] （如图7-37所示）。

提示：　阳光强度参数很敏感，一般常用范围0.002~0.005，这里为硬化光影边缘夸张处理采用默认强度。间接水平照明：太阳大体可分为平射、斜射和顶射3个时段，不同时间段的阳光会改变景物明暗反差的关系。平射（晨昏）：景物反差小，影调与色调柔和。斜射（常态）：天地亮度间距较小，明暗反差适中。顶射（正午）：天地亮度间距大，间接照度最大，景物反差强、影调硬。以上的明暗反差关系以该项指定的间接光量为基准进行计算。默认值为斜射时段间接光量25 000 cd。

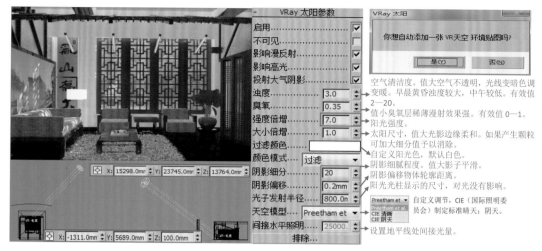

VRay 太阳参数
启用
不可见
影响漫反射
影响高光
投射大气阴影
浊度 3.0
臭氧 0.35
强度倍增 7.0
大小倍增 1.0
过滤颜色
颜色模式 过滤
阴影细分 20
阴影偏移 0.2mm
光子发射半径 800.0n
天空模型 Preetham et
间接水平照明 25000.
排除...
VRay 太阳
你想自动添加一张 VR天空 环境贴图吗?
是(Y)
否(N)
空气清洁度。值大空气不透明，光线变暗色调变暖。早晨黄昏浊度较大，中午较低。有效值2—20。
值小臭氧层稀薄漫射效果强。有效值 0—1。
阳光强度。
太阳尺寸，值大光影边缘柔和。如果产生颗粒可加大细分值予以消除。
自定义阳光色，默认白色。
阴影细腻程度。值大影子平滑。
阴影偏移物体轮廓距离。
阳光光柱显示的尺寸，对光没有影响。
Preetham et al.
CIE 清晰
CIE 阴天
自定义调节，CIE（国际照明委员会）制定标准晴天；阴天。
设置地平线处间接光量。
X: 15298.0mm Y: 23745.0mm Z: 13764.0mm
X: -1311.0mm Y: 5689.0mm Z: 100.0mm
图7-36　设置阳光灯与参数

贴图 #2
VR-天空
VRay 天空参数
指定太阳节点
太阳光 VRaySun阳光灯
太阳浊度 3.0
太阳臭氧 0.35
太阳强度倍增 0.03
太阳大小倍增 1.0
太阳过滤颜色
太阳不可见
天空模型 CIE 清晰
间接水平照明 25000.0
公用参数
背景:
颜色:
环境贴图:
使用贴图
贴图 #2（VR-天空）
天空光采用阳光的方位计算参数。不勾选则默认用阳光卷展栏的参数。
按下阳光节点钮，视图中拾取阳光。其下为天空光参数，与阳光参数同名不同义。
图7-37　设置VR天空光贴图

## 3.15　用光度学灯与光域网文件制作射灯灯光

光度学是可见光波段内的一个计量学科。其光通量、发光强度、照度、亮度等主要光学参量定律由朗伯在1760年建立一直沿用至今。光域网是一种光源亮度分布的三维表现效果，存储于IES（美国）文件中，特点是光层次丰富，能表现出不同种类的灯发出的各种光形状。这些有不同形状图案的光域网文件可从厂家或网上获得，格式主要有IES（国际照明委员会标准制定）、LTLI或CIBSE。

步骤：建立局部强调灯光

（1）制作照明字画用射灯。光度学>自由灯光>顶视窗中单击创建和放置好位置>常规参数卷展栏>灯光分布类型选择Web（光域网）项>按下<选择光度学文件>钮>配套光盘IES灯光文件夹>14.IES文件>打开(O)>设置各项参数>（如图7-38所示）。

（2）制作植物处射灯。Shift+复制字画用射灯，关系为复制>放置好位置>重新指定光域网文件为20.IES>仅修改参数U/V/W大小均为10 mm>细分8（如图7-39所示）。

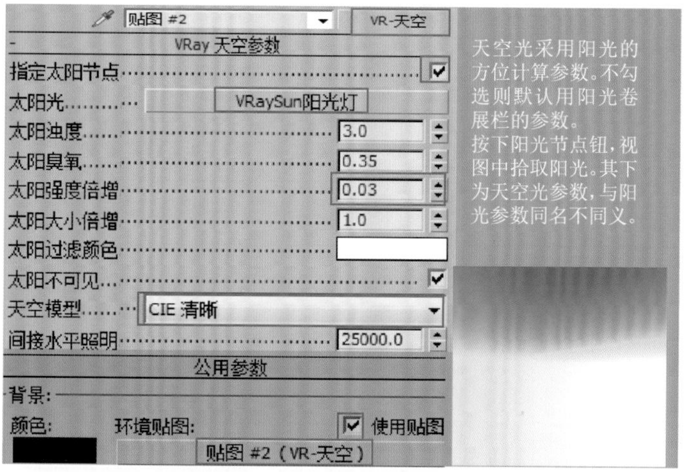

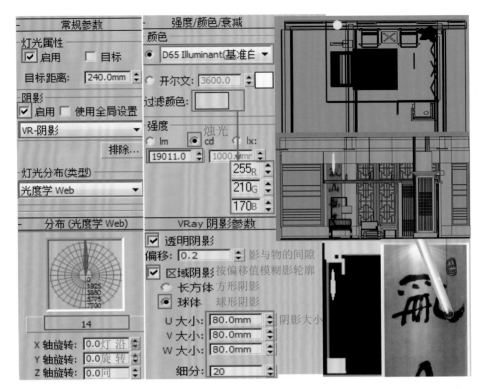

图7-38　字画处射灯设置

图7-39　植物处射灯方位

至此本案例已完成场景材质与灯光设置，参照前述产品级渲染参数自行设置完成最终渲染图。

# 4.室外VRay渲染实例——艺术教学大楼一角

## 4.1 制作VR大理石材质与池水材质

步骤：准备工作环境与材质设置

（1）设置测试级渲染参数。打开配套光盘"艺术设计学院教学大楼一角（彩模）"场景文件>
`①②`>`公用` 标签>`指定渲染器` 卷展栏>确认渲染器为Vray Adv 3.00.08>`查看：▼`>`四元菜单4-Camera01`>`🔒`>`设置`
标签>`系统` 卷展栏>`高级模式`>`预设...`>对话框>测试级别参数>`加载`。

（2）调整测试参数。`V-Ray` 标签>`帧缓冲区` 卷展栏>修改渲染窗口宽/高度 340/255，图像纵横
比1.333>`L`（锁定）>`图像采样器(抗锯齿)` 卷展栏>设置参数（如图7-40所示）。

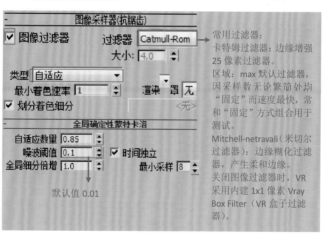

图7-40 按场景类型调整测试用参数

（3）初步照亮场景。`V-Ray雕` 标签>`环境` 卷展栏>`✔ 全局照明(GI)环境`，参数默认>`颜色贴图` 卷展
栏>指数曝光方式，暗度倍增3.5，明亮倍增3.5。

（4）设置室内地面大理石材质。`▦`>室内地面>`确定`>`⊙`>`●`>`Standard`>`●VRayMtl`>[2]赋予漫反射项
光盘配套"A—灰豆白腐3"贴图>设置贴图纹理平铺次数>`🖌`>设置反射项基本参数>`▪`>`衰减`>[2]仅
设置混合曲线使衰减速度迟缓>`🖌`>`⊡`>`⊙`（如图7-41所示）。

（5）设置池水材质。`▦`>水面>`确定`>`⊙`>`●`>`Standard`>`●VRayMtl`>[2]设置漫反射项色块>设置反射

项基本参数> ▓ > ▬衰减 >²设置参数> ▓ >- 贴图 ▓ 卷展栏>凹凸项贴图钮> ▓ 噪波 >²设置参数和嵌套 ▓ 噪波 贴图> ▓ > ▓ > ▓ （如图7-42所示）。

图7-41　室内地面大理石材质

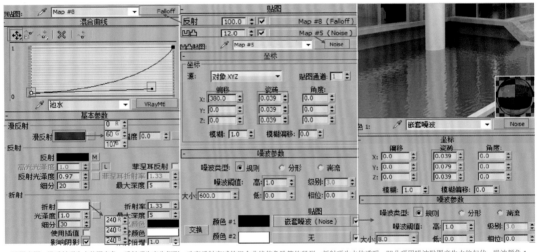

设置意图：漫反射项为水体固有色。反射项为产生倒影，改变反射衰减的混合曲线使色阶简约猛烈。折射项为水体透明。凹凸项用噪波贴图产生水纹起伏。噪波颜色1号再嵌套噪波是为了丰富波纹凹处的细节。

图7-42　VR池水材质

## 4.2　制作VR乳胶漆和混凝土材质

步骤：设置屋顶顶棚灰黄色乳胶漆和水泥柱材质

（1） ▓ >顶棚> 确定 > ▓ > ▓ > Standard > ▓ VRayMtl >²设置漫反射、反射项色块与参数> ▓ > ▓ （如图7-43所示）。

（2） ▓ >柱子> 确定 > ▓ > ▓ > Standard > ▓ VRayMtl >²设置漫反射、反射项色块与参数>贴图卷展栏设置凹凸项贴图> ▓ > ▓ （如图7-44所示）。

图7-43　顶棚黄灰色乳胶漆

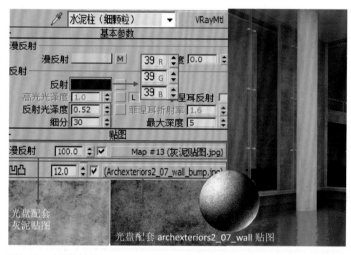

图7-44　水泥柱材质

### 4.3　制作VR不锈钢材质

步骤：设置玻璃幕墙钢抓材质

▣ ＞玻璃钢抓＞ **确定** ＞▣＞▣＞ Standard ＞ ▣ VRayMtl ＞²命名为不锈钢＞设置基本参数和双向反射参数＞
▣＞▣（如图7-45所示）。

### 4.4　标准灯光制作阳光与VR阴影设置

阳光下的室外景物和阴影边缘较清晰偏硬，用标灯参入VR渲染出这种效果较好。标光在VR渲
染中必须使用"VR阴影"才能产生正确的阴影。

步骤：制作阳光

▣ ▣ ▣ ＞标准　▼ ＞目标平行光＞顶视窗中单击拖拽出灯光＞▣＞分别选择灯头与目标点输入绝对坐标
位置参数＞▣＞设置灯光参数＞▣（如图7-46所示）。

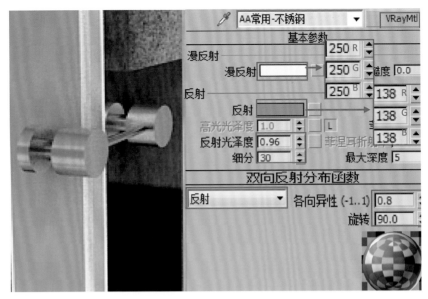

图7-45 不锈钢抓材质

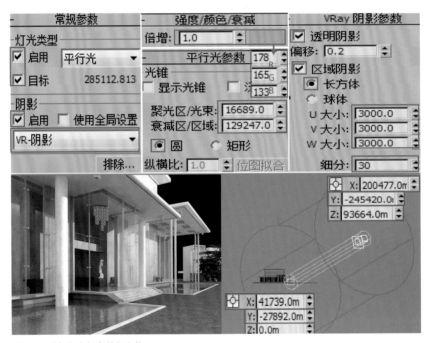

图7-46 平行聚光灯参数与方位

## 4.5 用VR面光制作场景辅光

室外场景受散射光影响的辅光设置主要为2类：天光或辅助阳光——用于影响物体的受光面色彩使其产生微妙变化，这类光源对物体的影响相对单纯。环境光——强调性影响物体的背光面，这类光源常设置1至2盏灯使物体暗部色层产生变化避免平板发"闷"的现象。

步骤：创建物体受光面和背光面辅助灯

（1）✦>▽VRay ▾>  VR-灯光  >顶视窗中单击后向右下角拖拽出面灯>◯>视窗中旋转面灯使箭头朝向物体>✦>参考阳光灯调整位置并设置参数>◻（如图7-47所示）。

（2）顶视窗中Shift+⊹拖拽复制面灯，关系为⊙ 复制 >放置好位置并修改参数> 🗂 （如图7-48所示）。

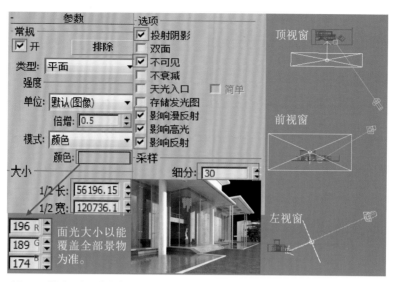

图7-47 辅助阳光—丰富亮面色光

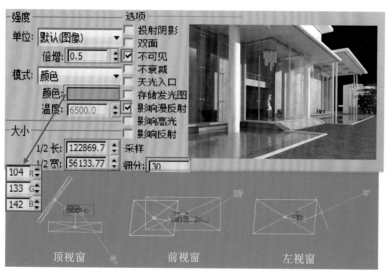

图7-48 辅助环境光—强化物体暗部间接受光

### 4.6　用HDRI高动态贴图制作覆盖性全局环境光

HDRI（High Dynamic Range Image高动态范围图像）是带有光信息的特殊图形文件，其像素含RGB信息和实际亮度信息，在静帧效果图制作中常用于模拟自然界真实丰富有变化的环境光或天光。

步骤：重新设置覆盖性环境光

（1）🖼>VRay 标签> 环境 卷展栏>☑ 全局照明(GI)环境 >设置贴图强度>贴图钮> ■ VRayHDRI >[2]。

（2）🖼>将指定了HDRI的贴图钮拖放至一个新示例球>对话框>⊙ 实例 > 确定 >…>光盘配套图"环境反射HDR.hdr" >[2]设置参数> 🗂 （如图7-49所示）。

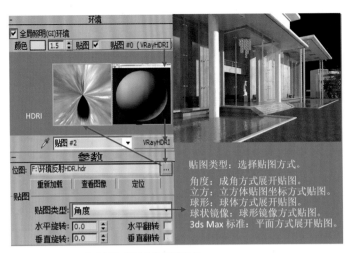

图7-49 用HDRI发光图取代原单色环境覆盖

### 4.7 用可调天光制作全局覆盖性反射／折射光

该场景中有大量光洁和透明材质物体，为其提供覆盖性反射／折射天光以强化色彩的微妙变化。

步骤：设置天光

（1） >VRay 标签> 环境 卷展栏> ☑ 反射/折射环境 >设置贴图强度>贴图钮> VR-天空 [2]。

（2） >将指定了VR天空的贴图钮拖放至一个新示例球>对话框> ● 实例 > 确定 > VRay 天空参数 卷展栏>勾选"指定太阳节点">太阳光节点钮>视窗中点取平行聚光灯与其方位匹配>设置参数> （如图7-50所示）。

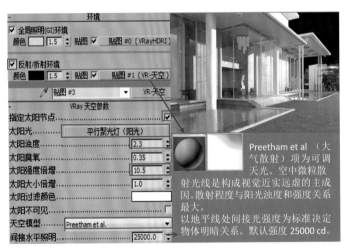

图7-50 强化反射折射天光

### 4.8 设置背景与产品级出图

步骤一：设置可视和可渲染背景

（1）背景可视。摄影机视窗> ➕ 标签> 配置视口... >对话框> 背景 标签> ● 使用文件> 文件... >打开光盘配套图"婺源晨曦.jpg"> 确定 。

（2）背景可渲染。菜单栏 渲染(R) >环境(E)... > 环境 标签> ☑ 使用贴图>贴图钮> ■ 位图 [2]打开光盘配套图"婺源晨曦.jpg">将该贴图钮拖放至一个新示例球>对话框> **实例** > **确定** >材质编辑器>贴图 **坐标** 卷展栏> **环境** > **屏幕** ▼ > **↻** （如图7-51所示）。

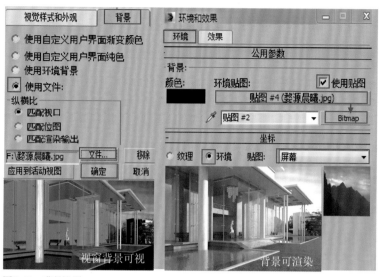

图7-51 背景设置

步骤二：使用渐进图像采样器出小图

（1） **⚙** > **设置** 标签> **系统** 卷展栏> **高级模式** > **预设...** >对话框>点取"产品级小图参数"名 > **加载** > **V-Ray** 标签> **帧缓冲区** 卷展栏>修改渲染窗口宽/高度151,114> **全局开关** 卷展栏>取消"不渲染最终的图像"项勾选。

（2） **图像采样器(抗锯齿)** 卷展栏>类型选择"渐进"式图像采样器>过滤器选择Catmull Rom> **渐进图像采样器** 卷展栏>设置参数。

（3） **环境** 卷展栏>确认贴图全勾选> **颜色贴图** 卷展栏>指数曝光方式，暗度倍增3.5，明亮倍增3.5。

（4） **GI** 标签>确认发光图和灯光缓存文件均已设置保存路径和已勾选"自动保存"项。

（5）确认渲染设置对话框左下角"查看"项锁定为摄影机视窗> **↻** >观察浮动渲染帧进度条 >Pass达到100> **取消** （如图7-52所示）。

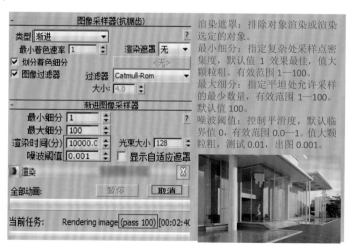

图7-52 渐进式采样器设置与渲染

步骤三：产品级出大图

（1） 🖼️ > 设置 标签> 系统 卷展栏> 预设... >对话框>产品级大图参数名> 加载 。

（2） V-Ray 标签>帧缓冲区 卷展栏>修改渲染窗口宽/高度为2 048和1 536。

（3） GI 标签> 发光图 卷展栏、灯光缓存 卷展栏>均在 模式 项改"单帧"为 从文件 >... >导航至存储的文件> 打开(O) > 🎬 >进度条>Pass达到100> 取消 >渲染帧🖼️>保存为TIF格式16位彩色带存储Alpha通道效果图。

至此本案例已完成制作和渲染。

提 示： 渐进采样器：从VR 3开始新添的采样器，其初始算图时即渲染出整个场景的大概效果，然后不断平滑细化至完成。最大特点是计算速度有较大提升，但正式出大图仍需要安排好渲染的时间。

提 示： "渲染时间"项的长短决定渲染进程到平滑细腻的何种程度。在预估难准情况下设最大值10 000分钟，当渲染进度条到100%（或未到）时，直观渲染窗口内效果已能满足出图要求，100%以上的继续渲染肉眼已无从区别故可以停止渲染。

提 示： 如果设置标签下无任何内容，关闭和重新打开渲染设置对话框即可。